Unterzeichnung im Strafprozeß und neue Medien

Europäische Hochschulschriften
Publications Universitaires Européennes
European University Studies

Reihe II
Rechtswissenschaft

Série II Series II
Droit
Law

Bd./Vol. 3364

PETER LANG
Frankfurt am Main · Berlin · Bern · Bruxelles · New York · Oxford · Wien

Heike Kerszis

Unterzeichnung im Strafprozeß und neue Medien

PETER LANG
Europäischer Verlag der Wissenschaften

Die Deutsche Bibliothek - CIP-Einheitsaufnahme

Kerszis, Heike :

Unterzeichnung im Strafprozeß und neue Medien / Heike Kerszis. - Frankfurt am Main ; Berlin ; Bern ; Bruxelles ; New York ; Oxford ; Wien : Lang, 2002
(Europäische Hochschulschriften : Reihe 2, Rechtswissenschaft ; Bd. 3364)
Zugl.: Bochum, Univ., Diss., 2001
ISBN 3-631-39062-9

D 294
ISSN 0531-7312
ISBN 3-631-39062-9

www.peterlang.de

Meinen Eltern

und Sonja

Vorwort

Die vorliegende Arbeit wurde im September 2000 abgeschlossen. Rechtsprechung und Literatur wurden bis dahin berücksichtigt, wobei gesondert auf den Anhang mit Stand von August 2001 verwiesen sei. Im Sommersemester 2001 wurde die Arbeit von der Juristischen Fakultät der Ruhr-Universität Bochum als Dissertation angenommen.

Außerordentlich verbunden fühle ich mich meiner verehrten, im letzten Jahr verstorbenen akademischen Lehrerin, Frau *Prof. Dr. Ellen Schlüchter*. Ihr gilt mein vorderster Dank für die engagierte Betreuung der Arbeit und die Aufnahme an Ihren Lehrstuhl, wo ich vieles Fachliche und Menschliche lernen durfte. Herrn *Prof. Dr. Ulrich Berz* danke ich für die Erstellung des Zweitgutachtens.

Großen Dank schulde ich auch meinem Freund, Herrn Rechtsreferendar *Oliver Jung* für die zahlreichen konstruktiven Gespräche und die geduldige Einführung in die technische Welt.

Für die mühevolle Überarbeitung des Manuskripts und die vielen wertvollen Anregungen danke ich ganz herzlich meiner Freundin, Frau Rechtsreferendarin *Magdalena Frost* sowie meinem ehemaligen Arbeitskollegen, Herrn Rechtsanwalt *Dr. Ingo Benninghoven.*

Besonders danke ich aber meinen Eltern *Magdalene Kerszis-Vooren* und *Hans-Werner Kerszis* sowie meiner Schwester *Sonja* für ihre Geduld und ihre Unterstützung zu jeder Zeit. Ihr unerschütterliches Vertrauen in mich hat dies alles erst ermöglicht. Ihnen sei daher dieses Werk gewidmet.

Bochum, im November 2001 *Heike Kerszis*

INHALTSVERZEICHNIS

ABKÜRZUNGSVERZEICHNIS

a.A.	andere Ansicht
Abs.	Absatz
a.F.	alte Fassung
AnwBl	Anwaltsblatt
BayObLG	Bayrisches Oberlandesgericht
BB	Betriebs-Berater
BFH	Bundesfinanzhof
BGB	Bürgerliches Gesetzbuch
BGBl	Bundesgesetzblatt
BGH	Bundesgerichtshof
BGHSt	Bundesgerichtshof, Entscheidungen in Strafsachen
BGHZ	Bundesgerichtshof, Entscheidungen in Zivilsachen
BR-Drs.	Bundesratsdrucksache
BSG	Bundessozialgericht
BStBl	Bundessteuerblatt
BT-Drs.	Bundestagsdrucksache
BVerfG	Bundesverfassungsgericht
BVerfGE	Amtliche Sammlung der Entscheidungen des Bundesverfassungsgerichtes
BVerwG	Bundesverwaltungsgericht
BverwGE	Amtliche Sammlung der Entscheidungen des Bundesverwaltungsgerichtes
bzgl.	bezüglich
CR	Computer und Recht
DB	Der Betrieb
ders.	derselbe
d.h.	das heißt
dies.	dieselbe
DRiZ	Deutsche Richterzeitung
DSA	Digital Signature Algorithm
DStR	Deutsches Steuerrecht
DuD	Datenschutz und Datensicherheit
DWir	Deutsche Zeitschrift für Wirtschaftsrecht
E-Mail	electronic mail
etc.	et cetera
e.V.	eingetragener Verein
FAZ	Frankfurter Allgemeine Zeitung
ff.	folgende
Fn.	Fußnote
gem.	gemäß
GmS-OGB	Gemeinsamer Senat der obersten Gerichtshöfe des Bundes
h.M.	herrschende Meinung
Hrsg.	Herausgeber

Hs	Halbsatz
i.S.d.	im Sinne des
IuKDG	Informations- und Kommunikationsdienstegesetz
i.V.m.	in Verbindung mit
JA	Juristische Arbeitsblätter
JR	Juristische Rundschau
JW	Juristische Wochenschrift
JZ	Juristen-Zeitung
K&R	Kommunikation und Recht
LG	Landgericht
MDR	Monatsschrift für deutsches Recht
MMR	Multimedia und Recht
MüKo	Münchener Kommentar
NJW	Neue Juristische Wochenschrift
NJW-CoR	Neue Juristische Wochenschrift – Computerreport
NStZ	Neue Zeitschrift für Strafrecht
NVwZ	Neue Zeitschrift für Verwaltungsrecht
NZA	Neue Zeitschrift für Arbeits- und Sozialrecht
OLG	Oberlandesgericht
PGP	Pretty Good Privacy
PIN	Persönliche Identifikationsnummer
RDV	Recht der Datenverarbeitung
RG	Reichsgericht
RGSt	Entscheidungen des Reichsgerichts in Strafsachen
RGZ	Entscheidungen des Reichsgerichts in Zivilsachen
Rn	Randnummer
Rpfleger	Deutscher Rechtspfleger
RSA	Rivest, Shamir und Adelmann
Rspr.	Rechtsprechung
S.	Seite
SHA	Secure Hash Algorithm
SigÄndG	Änderungsgesetz zum Signaturgesetz
SigG	Signaturgesetz
SigV	Signaturverordnung
sog.	sogenannt
StGB	Strafgesetzbuch
StPO	Strafprozessordnung
VersR	Versicherungsrecht
VDI	Verein deutscher Ingeneure
Vgl.	Vergleichen Sie
z.B.	zum Beispiel
ZIP	Zeitschrift für Wirtschaftsrecht
ZPO	Zivilprozeßordnung

„UNTERZEICHNUNG IM STRAFPROZEß UND NEUE MEDIEN“

EINLEITUNG: ANLAß UND VERLAUF DER ARBEIT

Die Bedeutung prozessualer Formvorschriften ist allgemein bekannt. Kann doch das „gute Recht“ der Prozeßbeteiligten an den Formvorschriften des Verfahrensrechts scheitern.[1] So mag dem Laien das Scheitern materiell begründeter Ansprüche an prozessualen Schranken als ein Sieg des Formalismus über die Gerechtigkeit erscheinen.[2] Obgleich die prozessuale Härte mit dem Rechtsempfinden Einzelner mitunter nicht vereinbar ist, wäre es indes verfehlt, die Form als ausschließlich lästig zu charakterisieren. So hat *Jhering*[3] die Form treffend als „geschworene Feindin der Willkür, die Zwillingsschwester der Freiheit“ bezeichnet.[4] Dieses Zitat verdeutlicht die wertvolle Bedeutung der Form als Garant für die Funktionsfähigkeit des Rechtsverkehrs. Verständlich erscheint daher der noch heute währende Kampf zwischen dem formstrengen und dem formfreien Standpunkt.

Dieser begann bereits kurz nach Inkrafttreten der Strafprozeßordnung. Dabei wahrten die Gerichte zunächst ihre ablehnende Haltung gegenüber immer lauter werdenden Lockerungsforderungen. So hielt etwa das Reichsgericht an der postalischen Versendung unterzeichneter Schriftstücke vorerst fest, um eine Aufgabe der Eigenhändigkeit durch die telegraphische Versendung unterzeichnungsbedürftiger Schriftsätze zu vermeiden. Allerdings konnte die Rechtsprechung der ständigen Kritik und der Forderung nach schnelleren Versendungsmöglichkeiten nicht lange standhalten und gab 1884 der technischen Entwicklung nach, indem es das Ankunftstelegramm als unterzeichnete Rechtsmittelschrift anerkannte. Nahezu identisch verlief auch die Anerkennung des Telefax: Nach einer zunächst ablehnenden Haltung der Rechtsprechung lockerte diese ihren formstrengen Standpunkt und erkannte das Telefax schließlich als Übermittlungsform einer eigenhändigen Unterzeichnung an.

Trotz aller Lockerungen bestand die Rechtsprechung, wie auch die Gesetzgebung, grundsätzlich weiterhin auf eine eigenhändig geleistete Unterzeichnung. Daher bietet sich auch nach derzeitigen Regelungen und Rechtsanschauungen als sicherste Versendungsmöglichkeit – neben der Übersendung der unterzeichneten Schriften per Einschreiben – die Versendung mittels Boten an. Dies er-

---

1 Vgl. *Vollkommer*, S. 1.

2 Dazu *Cohn*, S. 45 f.

3 S. 471 f.

4 In diesem Sinne auch *Schlüchter* in Wolter, S. 205, 215 f.

scheint jedoch angesichts der fortgeschrittenen technischen Möglichkeiten unpraktikabel und überholt. Die bisher als sicheres Zeichen für rechtsverbindliche Rechtshandlungen anerkannte Unterschrift steht nunmehr den schnellen und anwenderfreundlichen Versendungsmöglichkeiten im Wege. Daher gilt es umzudenken.

Die technische Entwicklung bietet dem Verwender mittlerweile ein großes Spektrum an zeit- und arbeitssparenden Möglichkeiten. Der persönlich unterschriebene und in einem Kuvert von der Post zu seinem Empfänger beförderte Brief wird von schnelleren und billigeren Versendungsmöglichkeiten abgelöst. Dadurch hat der Mensch in der industrialisierten Welt die Reichweite seiner Gestaltungsmöglichkeiten beträchtlich erhöht. Um so erstaunlicher ist es, daß die Juristen diesem Fortschritt für ihren eigenen Gebrauch (wie z.B. für den Gerichtsverkehr) eher ablehnend gegenüberstehen und sich durch strenge Formvorschriften gehindert sehen, diese Technik zu nutzen. Allein an Versendungsmöglichkeiten für Schriftstücke ist sowohl die electronic mail als auch das Computerfax von der Rechtsprechung noch relativ unbeachtet geblieben. Daher ist die Frage aufzuwerfen, inwiefern dieser technische Fortschritt auch im Rechtsverkehr genutzt werden kann. Diesbezüglich sind sowohl die rechtlichen Möglichkeiten als auch drohende Gefahren und Rechtsunsicherheiten de lege lata zu erörtern. Auch ist ein Blick auf die weitere technische und rechtliche Entwicklung zu werfen. Zukunftsweisend führt derzeit das Finanzgericht Hamburg ein Pilotprojekt zum papierlosen Gerichtsverkehr durch:[5] So soll zunächst eine Auswahl von Steuerberatern und Anwälten die Möglichkeit haben, Klagen und andere Schriftsätze, welche sie an ihren Computern erstellt haben, papierlos und verschlüsselt beim Finanzgericht Hamburg einzureichen. Die Identität des Absenders wird durch eine digitale Signatur und die Nutzung einer sog. Smartcard gewährleistet. Auch die weitere Bearbeitung erfolgt elektronisch, so daß kein Ausdruck erforderlich ist. Ziel des Versuches ist es, sowohl Zeit einzusparen und den Arbeitsaufwand zu verringern als auch möglichst effektiv die sich darbietende Technik zu nutzen. Außerhalb dieses Projekts ist eine Klageeinreichung auch am Hamburger Finanzgericht jedoch so lange nicht möglich, wie der Gesetzgeber die rechtlichen Voraussetzungen nicht schafft, mit denen die heute noch erforderliche handschriftliche Unterzeichnung entbehrlich wird.

Erste Schritte wurden mittlerweile in diese Richtung eingeleitet. So sieht der Referentenentwurf des Bundesministeriums der Justiz vom 05.06.2000 für das „Gesetz zur Anpassung der Formvorschriften des Privatrechts und anderer Vorschriften an den modernen Rechtsgeschäftsverkehr“ schwerpunktmäßig für das

---

[5] Näher dazu *Grotheer*, BB 1999, Heft 34, S. 1.

Bürgerliche Gesetzbuch erfreuliche Änderungen vor: Vorgesehen ist die Beifügung der §§ 126a, 126b BGB, nach denen die gesetzlich vorgeschriebene schriftliche Form durch die elektronische Form ersetzt werden kann. Zur Erfüllung der Form tritt neben das Erfordernis der Unterzeichnung die Möglichkeit, sich durch eine qualifizierte elektronische Signatur nach dem Signaturgesetz auszuweisen. Damit ist der Weg zu einem sicheren digitalen Geschäftsverkehr geebnet. Weitere Änderungen durch den Referentenentwurf erfährt neben der Verwaltungsgerichtsordnung, der Finanzgerichtsordnung und weiteren Gesetzen die Zivilprozeßordnung. Aufgrund der an § 130 ZPO anzufügenden Absätze 2 und 3 wird zukünftig auch den Parteien im Zivilprozeß unter gewissen Voraussetzungen der elektronische Gerichtsverkehr unter Zuhilfenahme der digitalen Signatur ermöglicht. Das Strafprozeßrecht findet bei den Anpassungen der Formvorschriften an einen elektronischen Gerichtsverkehr jedoch keine Berücksichtigung.

Auch für den Strafprozeß sind die neuen Medien und die Behandlung der Unterzeichnung indes von großer praktischer Bedeutung. Würde doch die Möglichkeit neuer Versendungsformen für unterzeichnungsbedürftige Schriftsätze in erheblichem Maße dazu beitragen, Zeit und Aufwand einzusparen. Die ohnehin knapp bemessenen Fristen könnten besser ausgeschöpft und der Schriftverkehr ökonomischer gestaltet werden. Bei allen technikfreundlichen Erwägungen darf jedoch der Sinn und Zweck der Unterzeichnung nicht vereitelt werden. Gilt es doch, den sich Verpflichtenden vor Übereilung zu schützen und „zur Überlegung zu zwingen“[6].

Daher stellt sich nun die Frage, ob es begründet ist, dem Strafprozeß die Nutzung des digitalen Schriftverkehrs – durch das Untätigbleiben des Gesetzgebers im strafprozessualen Bereich – zu verwehren. Um dies beantworten zu können, sind die Entwicklung der Unterzeichnung sowie die Auswirkungen des multimedialen Fortschritts auf die Unterzeichnung im Strafprozeß zu betrachten.

Dies zugrunde gelegt, befaßt sich das **erste Kapitel** der Arbeit mit der Begriffsbestimmung der Unterzeichnung. Hier wird im *ersten Abschnitt* nicht nur der Begriff der Unterzeichnung im Strafprozeßrecht erläutert und seine historische Herkunft bestimmt, sondern auch – um sprachliche Genauigkeit zu gewährleisten – eine Differenzierung zwischen Unterzeichnung und Unterschrift vorgenommen. Hiernach gilt es, im *zweiten Abschnitt* einerseits die Unterschrift als sog. qualifizierte Schriftform der Schriftlichkeit als sog. einfachen Schriftform gegenüberzustellen und andererseits eine Abgrenzung zu den Regeln des Zivil-

---

6 *Tholl*, S. 7.

prozesses vorzunehmen. Abschließend lassen sich – nach Auswertung der einschlägigen Rechtsprechung und Literatur – im *dritten Abschnitt* dieses Kapitels Sinn und Zweck der Unterzeichnung in fünf Punkte zusammenfassen.

Im **zweiten Kapitel** wird die Entwicklung des Unterzeichnungserfordernisses im Verlauf der Medienentwicklung dargestellt. Begonnen wird dabei mit einer Analyse der rechtlichen Stellung von Telegramm und Fernschreiben im Fortschreiten der strafprozessualen Rechtsprechung und Literatur (*erster Abschnitt*).

Von hier aus wendet sich die Aufmerksamkeit im *zweiten Abschnitt* der fernmündlichen Rechtsmitteleinlegung zu. Hierzu hat der 1. Strafsenat des BGH bereits im Jahr 1960 klargestellt, daß eine Unterzeichnung nicht auf fernmündlichem Wege übermittelt werden kann. So entsteht aber eine Friktion zum telefonisch eingelegten Telegramm, deren Konsequenzen ebenfalls untersucht werden wollen.

Der *dritte Abschnitt* widmet sich der Bedeutung des Telefaxgerätes im Hinblick auf die Übermittlung qualifizierter Schriften. So wird nicht nur die Frage der grundsätzlichen Anerkennung derartigen Vorgehens diskutiert. Auch Folgeprobleme wie die Verschuldensfrage hinsichtlich nicht fristgerecht eingegangener Telefaxe, die Schriftsatzeinreichung per Telefax unter Zwischenschaltung Dritter, die Beweismöglichkeiten des Zugangs und etwaige Manipulationsmöglichkeiten werden näher beleuchtet.

Auf diesem Fundament kann schließlich im **dritten Kapitel** die Frage aufgeworfen werden, ob sich die „neuen Medien“ für die Versendung unterzeichnungsbedürftiger Schriftsätze eignen und derartig übermittelte Schriftsätze von den Formvorschriften der Strafprozeßordnung getragen werden. Hierzu sind sowohl das Computerfax (*erster Abschnitt*) als auch die electronic mail bzw. die digitale Signatur (*zweiter Abschnitt*) im Hinblick auf Begrifflichkeiten und technische Vorgänge sowie Vereinbarkeit mit der gesetzlichen Regelung zu untersuchen. Das Kapitel endet im *dritten Abschnitt* mit einem Gesetzesvorschlag zur Einbeziehung der technischen Neuerungen in den Strafprozeß.

Der Schluß der Arbeit führt zu einer Zusammenfassung und einem Anhang. Zunächst wird im *ersten Kapitel* das Projekte zur Erprobung papierlosen Rechtsverkehrs vorgestellt. Dem folgt im *zweiten Kapitel* eine Zusammenfassung der Ergebnisse der Arbeit und der einzelnen Schritte. Schließlich endet die Arbeit im *dritten Kapitel* mit einer kurzen Skizzierung der Neuerungen aus dem Jahre 2001 rund um die digitale Signatur.

HAUPTTEIL: AUSWIRKUNGEN DES MULTIMEDIALEN FORTSCHRITTS AUF DIE UNTERZEICHNUNG IM STRAFPROZEßRECHT

1. Kapitel: Begriffsbestimmung der Unterzeichnung

1. Abschnitt: Grundlagen zur Unterzeichnung

A. Von der Untersiegelung zur Unterzeichnung

Der Vorgänger der Unterzeichnung stammt aus dem Mittelalter und findet seinen Ausdruck in der Untersiegelung. Ähnlich der heutigen Unterzeichnung wies das Siegel durch sein charakteristisches Gepräge auf den individuellen Inhaber des Siegels hin. Zu dieser Zeit[7] war die Siegelurkunde ein Privileg der gehobenen Schicht, da die unteren Schichten zu Beginn der Epoche, in welcher die Schriftlichkeit neu entstand, noch kaum am schriftförmlichen Rechtsverkehr teilnahmen.[8] Bereits im 13. Jahrhundert war der Siegelgebrauch jedoch derart verbreitet, daß alle Stände daran teilnahmen. So blieb es weder dem Kaufmann noch dem Handwerker verwehrt, sich ein Siegel zuzulegen.[9] Der Gebrauch eines Siegels bei Rechtsurkunden diente zumeist der Fälschungserschwerung und dem Echtheitsbeweis.[10] Eine Entfremdung[11] des Siegels wurde als Siegelbruch schwer bestraft und zumeist mit dem Tod geahndet.

Bei der Nutzung schlichter Siegel, bei denen oft die Namensbezeichnung fehlte, mußte der Namenszug dem Siegel beigefügt werden oder sich zumindest aus dem Kontext der Urkunde ergeben.[12] Um die Echtheit der mit einem Siegel versehenen Urkunde zu bezeugen, wurden oftmals Zeugen geladen, die bei der Untersiegelung anwesend sein sollten. Das entscheidende Echtheitskriterium war

---

7 Vereinzelt tauchte die Besiegelung von Urkunden bereits im 10. und 11. Jahrhundert auf, vgl. dazu *Ewald*, S. 7.

8 Wenn diese Schicht ein Urkundsanliegen hatte, so wendete sie sich an einen Höheren, den Gutsherren, ein Kloster oder ein städtisches Gericht, vgl. dazu *Holzhauer*, S. 35.

9 Es gab kein Siegelvorrecht für höhere Stände, vgl. *Kittel*, S. 128.

10 Dazu *Holzhauer*, S. 26.

11 Etwa durch Imitation des Siegels oder durch Ablösen des Siegeldrucks von einer echten Urkunde und Anbringen an eine falsche.

12 Vgl. *Holzhauer*, S. 38.

jedoch der Siegelabdruck selbst.[13] Im Laufe der Zeit wurde das Siegel nach und nach von der Unterschrift verdrängt. Die Monopolstellung des Siegels blieb mithin charakteristisch für das Mittelalter. Mit der Entwicklung der Kanzleien seit dem 14. Jahrhundert und der Ausbreitung der Fähigkeit zu lesen und zu schreiben, freilich auch in Übereinstimmung mit dem neuen Persönlichkeitsbewußtsein der Renaissance, trat dann die Unterschrift gleichberechtigt neben das Siegel.[14]

Bereits Ende des 17. Jahrhunderts wurde die Untersiegelung so gut wie nicht mehr angewandt.[15] Das Mißtrauen der Prozeßwissenschaft in den Wert der Unterzeichnung, welches durch die Warnungen der Kaiser vor Fälschungen der Handschrift hervorgerufen wurde, war jedoch noch groß. So wurden zunächst Zeugen herangezogen, die gleichfalls auf der Urkunde subscribierten[16] und damit die Echtheit der Urkunde bezeugen konnten.[17]

Ebensowenig wie das Siegel immer den Namen des Siegelführers enthielt, bestand auch die handschriftliche Unterfertigung stets aus dem Namenszug des Ausstellers.[18] So wurde die Unterfertigung teilweise mittels Zeichen ausgeführt, die durch ihre Charakteristik auf den Inhaber hinweisen sollten. Auch hier ergab sich dann der Name des Ausstellers entweder aus dem Kontext oder wurde dazugeschrieben.[19]

Seit dem Beginn der Neuzeit wurde die Unterzeichnung zunehmend auch zum Unterfertigungsmittel analphabetischer Schichten. Es war anerkannt, daß die Namensunterschrift der des Schreibens Unkundigen durch drei Kreuze ersetzt werden konnte, welche dann von den zuständigen Beamten beglaubigt wurden.[20] Das Erfordernis der drei Kreuze läßt dabei Rückschlüsse über die Eigenhändigkeit der Unterschrift zu. Während sich die Frage der Eigenhändigkeit bei der Untersiegelung schon aus der Natur der Sache nicht ergeben hat, ist die Handhabung, von Schreibunkundigen eine Unterschrift in Form von drei Kreuzen zu

---

13 Zum spezifischen Urkundsbeweisverfahren vgl. *Holzhauer*, S. 31.

14 So etwa *Kittel*, S. 130.

15 Sie wurde vielmehr von der Unterzeichnung im 17. Jahrhundert abgelöst, vgl. *Duden (Herkunftswörterbuch)*, S. 825.

16 Das Wort stammt aus dem Lateinischen und wird zusammengesetzt aus dem lat. *sub* „unter" und dem lat. *scribere* „schreiben" und wurde vornehmlich im 18. Jahrhundert benutzt.

17 Die Unterschrift des Zeugen war insbesondere von großer Bedeutung, wenn der Aussteller mangels Schreibfähigkeit gar nicht unterschrieb, vgl. dazu auch *Holzhauer*, S. 32.

18 Vgl etwa das *Lexikon des Mittelalters*, S. 1273.

19 Eingehend *Holzhauer*, S. 43.

20 So *Buurmann*, Hochdeutsch-plattdeutsches Wörterbuch, Band X, S. 381.

fordern, nur so zu verstehen, daß das Schriftstück zumindest eine Spur von der eigenen Hand des Ausstellers aufweisen sollte.[21]

Sinn der Unterschrift war es, einen charakteristischen Schriftzug zu erhalten, der auf die Identität des Ausstellers hinwies. Selbst ausgeschriebene Namenschriftzüge bestanden jedoch oftmals nicht aus einem kontinuierlichen Schriftzug, sondern wurden häufig variabel gestaltet.[22] Dies ist wohl darauf zurückzuführen, daß die Unterzeichner recht schreibungewohnt waren. So trat deren Schreibungewohntheit durch eine unsichere, zittrige und in der Richtung unklare Strichführung hervor. Dies ist auf die langsame Schreibgeschwindigkeit zurückzuführen, in welcher Strichimpulse vorherrschten.[23] Bevor eine gewisse Schreibgewohnheit eintrat, waren die Unterschriften einer Person aufgrund der Vielfältigkeit nur schwerlich zuortbar.

B. Definition

Die Literatur verweist bei der Definition der Unterzeichnung (unterzeichnen) stets auf die Unterschrift (unterschreiben).[24] Daher soll auch hier zunächst die Unterschrift definiert werden.

Der *Duden* definiert die Unterschrift[25] im großen Wörterbuch der deutschen Sprache[26] als einen „zum Zeichen der Bestätigung des Einverständnisses o.ä. eigenhändig unter ein Schriftstück, einen Text geschriebenen Namen". Auch die übrigen Wörterbücher bezeichnen die Unterschrift als eigenhändig gesetzten Namen des Ausstellers unter eine Urkunde als Anerkennung ihres Inhalts.[27] Lediglich bei des Schreibens Unkundigen werde die Unterschrift durch ein Handzeichen ersetzt.[28] Daher muß es sich bei einer eigenhändigen Unterschrift um

---

21 Vgl. *Holzhauer,* S. 44.
22 Ausführlich zu den Unterfertigungen deutscher Könige, *Schlögl*, S. 57.
23 Dazu instruktiv *Schlögl*, S. 55.
24 So z.B. der *Duden (Synonymwörterbuch)*, S. 751.
25 Für die Bedeutung „sich durch Namensunterschrift zur Teilnahme an einem Unternehmen oder zur Abnahme eines Werkes verpflichten" wurde noch 1936 das Fremdwort „subscribieren" vorgezogen; vgl. *J. Grimm / W. Grimm,* Deutsches Wörterbuch 1936, S. 1801.
26 *Duden, (Das große Wörterbuch der deutschen Sprache)*, Band 7, S. 3598.
27 Vgl. etwa *Duden, (Deutsches Universalwörterbuch)*, S. 1617; vgl. auch das *Handwörterbuch der deutschen Gegenwartssprache*, S. 1219; *Der große Brockhaus*, S. 10; *Mayers Enzyklopädisches Lexikon*, S. 202.
28 Dazu *Mayers Enzyklopädisches Lexikon*, S. 202.

einen Namenszug handeln, welcher unmittelbar durch eine Schreibbewegung hergestellt wird.[29]

C. Bedeutungsgleichheit von Unterschrift und Unterzeichnung?

In der StPO wird an einigen Stellen die Unterschrift (wie in §§ 271; 275 Abs. 2; S. 1 StPO) und in anderen Paragraphen eine Unterzeichnung (wie z.B. in §§ 172 Abs. 3, S. 2; 345 Abs. 2; 390 Abs. 2 StPO) verlangt. Es wird zu klären sein, ob den Begrifflichkeiten eine unterschiedliche Bedeutung zukommt und ob dementsprechend eine differenzierte Behandlung erforderlich ist. Neben der allgemeinen, sprachwissenschaftlichen Interpretation wird dabei auch auf den fachspezifischen Wortgebrauch eingegangen.

I. Allgemeine Betrachtung

Die *Gebrüder Grimm*[30] verstehen das Wort „unterzeichnen“ als ein neueres begriffsverwandtes Wort von „unterschreiben“. Die Unterzeichnung werde „kaum von unserem Worte (unterschreiben) geschieden“ und habe fast alle Bedeutungen von der Unterschrift in sich.[31] Es gelte aber in neuer Sprache gegenüber dem mehr technischen Unterschreiben als edler und gewählter.

Zum Teil wurden Bedeutungen in die Unterzeichnung hereininterpretiert, welche allerdings heute keine Gültigkeit mehr haben:[32] So brachte man die Unterzeichnung mit der Bedeutung in Zusammenhang, sich heimlich in acht zu nehmen und etwas zu (be)merken (subnotare). In der Hauptbedeutung stand die Unterzeichnung jedoch dem lateinischen „subsignare“ gleich und entsprach mithin dem Unterschreiben.

Festzuhalten ist daher, daß sich die Unterzeichnung von der Unterschrift lediglich in einer offiziellen Komponente unterscheidet: So definiert der Duden die Unterzeichnung als eine dienstliche, in amtlichem Auftrag geleistete Unterschrift.[33] Der Unterzeichner bestätigt jedoch dabei – wie auch der Unterschreiber – „mit seiner Unterschrift den Inhalt eines Schriftstücks“[34].

---

29 Eine Abgrenzung zwischen der eigenhändigen Unterschrift und einer technischen Schreibhilfe nimmt *Holzhauer*, S. 7, vor; vgl. zur Untersuchung von Unterschriften auch *Hecker*, S. 238 ff.

30 *J. Grimm/ W. Grimm*, Deutsches Wörterbuch, S. 1802.

31 In diesem Sinne auch *Duden, (Universallexikon)*, S. 1619.

32 Vgl. dazu *J. Grimm/ W. Grimm*, Deutsches Wörterbuch, S. 1917.

33 *Duden, (Universalwörterbuch)*, S. 1619.

34 *Duden, (Das große Wörterbuch der deutschen Sprache)*, Band 7, S. 3598.

II. Juristische Betrachtung

Das Gesetz unterscheide – so *Ascher* – drei Arten der „Unterfertigung" eines Schriftstückes:[35] Es werde zwischen der Unterschrift, dem beglaubigten Handzeichen und der einfachen Unterzeichnung differenziert. Da § 126 BGB von den beiden ersten Arten spreche, scheine auch mit dem in § 126 Abs. 2 BGB verwendeten Wort „Unterzeichnung" nichts anderes als die in Abs. 1 genannte Form gemeint zu sein, da auch hier nur ein Unterfall des Abs. 1 getroffen werden solle (nämlich die Unterfertigung von gewissen formbedürftigen Verträgen). Nur an einer Stelle gestatte das BGB, abweichend von der Grundregel des § 126 BGB, die einfache Unterzeichnung, und zwar in § 793 Abs. 2 BGB. Hiervon gebe es aber wieder eine Ausnahme in Satz 2, da bei einer mechanischen Vervielfältigung die eigentliche Namensunterschrift genüge. Die Zivilprozessordnung kenne hingegen nur die Unterschrift (vgl. etwa §§ 130 Nr. 6; 198 Abs. 2; 315 Abs. 1; 725; 762 Abs. 2, Nr. 4 und 5; 840 Abs. 3 ZPO). Anders hält es die StPO: Während sie in den §§ 168a Abs. 1 S. 2, 271, 275 Abs. 2 (früher auch § 188 Abs. 1) StPO eine Unterschrift verlangt, fordert sie in den §§ 172 Abs. 3 S. 2; 345 Abs. 2; 390 Abs. 2; 366 Abs. 2 (und in den früheren §§ 301; 307 Abs. 1; 308 Abs. 2) StPO eine Unterzeichnung. Das sei kein Zufall:[36] Die früheren §§ 276-317 StPO betrafen die Hauptverhandlung vor dem alten Schwurgericht. Dies sei dahingehend zu interpretieren, dass es nicht so sehr auf die Schriftzeichen ankomme, sondern vielmehr darauf, dem Schriftstück durch die Unterzeichnung eine gewisse sakrale Form zu verleihen.[37]

Auch *Adelung*[38] gibt an, daß alle „concepte in den Kanzelleyen unterzeichnet oder signiert werden, die Originale aber werden unterschrieben". So sei bei einem Unterschreiben die Setzung des vollen Namens wesentlich, während unterzeichnen oder signieren nur mit dem Anfangsbuchstaben zu geschehen brauche.

III. Ergebnis

Diese Ansichten sind überholt und werden nicht mehr vertreten, was sich bereits daraus ergibt, dass übereinstimmend sowohl bei einer Unterzeichnung als auch bei einer Unterschrift der volle Namenszug gefordert wird. Eine Unterscheidung

---

[35] Vgl. *Ascher*, JW 1929, 264 der den alten Ausdruck des § 578 ÖstABGB als Oberbegriff nutzt.

[36] Dazu ausführlich *Ascher*, JW 1929, 264.

[37] Der Vorsitzende hatte die Fragen (§ 301), der Obmann den Spruch (§307 Abs. 1), Vorsitzender und Gerichtsschreiber den verlesenen Spruch feierlich zu unterzeichnen (§ 308 Abs. 2).

[38] *Adelung* zitiert bei *J. Grimm/ W. Grimm*, Deutsches Wörterbuch, S. 1917.

dahingehend, daß für das Formerfordernis der Unterzeichnung die Initialen genügen, während die Unterschrift den vollen Namenszug fordert, wird heute nicht mehr vorgenommen. Vielmehr reicht die Verwendung einer Paraphe gerade nicht aus.[39] Daher ist – in Anlehnung an den *Duden* und den *großen Brockhaus* – davon auszugehen, daß in jeder Unterzeichnung die Unterschrift mit enthalten ist.[40] Der einzige – nicht zwingende – Unterschied kann allenfalls darin gesehen werden, daß die Unterzeichnung ein amtliches oder dienstliches Moment innehat. Insgesamt wird daher im Folgenden keine explizite Unterscheidung zwischen den nahezu identischen Begriffen (Unterschrift und Unterzeichnung) vorgenommen.

2. Abschnitt: Abgrenzung der qualifizierten Schriftform von der einfachen Schriftform und der Schriftform des Zivilprozesses

A. Abgrenzung zur einfachen Schriftform

In der Strafprozeßordnung lassen sich Fälle „einfacher" und „qualifizierter" Schriftform unterscheiden.[41] Von einer „einfachen Schriftform" wird gesprochen, wenn das Gesetz eine bloße „Schrift" oder „Schriftlichkeit" verlangt; dagegen ist von einer „qualifizierten Schriftform" die Rede,[42] wenn eine „unterzeichnete Schrift" oder „Unterzeichnung" vorgeschrieben ist.

I. Gesetzliche Schriftform gem. § 126 Abs. 1 BGB

Zunächst ist zu klären, welche Voraussetzungen zur Einhaltung der Schriftlichkeit erfüllt werden müssen, um sodann eine Abgrenzung der einfachen von der qualifizierten Schriftform vornehmen zu können. Eine Legaldefinition der gesetzlichen Schriftform bietet das Zivilrecht in § 126 Abs. 1 BGB. Demnach wird die durch Gesetz vorgeschriebene schriftliche Form dadurch erfüllt, daß der Aussteller die Urkunde eigenhändig durch Namensunterschrift oder mittels notariell beglaubigten Handzeichens unterzeichnet. Zur Erfüllung der Schriftform ist gem. § 126 Abs. 1 BGB mithin eine eigenhändige Unterzeichnung erforderlich.

---

39 Vgl. zur Paraphierung etwa RGSt 37, 81; BGH, NJW 1967, 2310; vgl. auch *Creifelds*, S. 474; wie *Kleinknecht/Meyer-Goßner*, Einl. Rn. 129.

40 So auch *Der große Brockhaus*, S. 15, der die Unterzeichnung als Unterschriftsleistung definiert; aufschlußreich auch *Kleinknecht/Meyer-Goßner*, § 271 Rn. 13, der nicht zwischen Unterzeichnung und Unterschrift differenziert.

41 Vgl. *Vollkommer*, S. 86; von gleichen Begrifflichkeiten geht auch *Sarstedt/Hamm*, Rn. 197 aus.

42 So bereits *Schwarz-Kleinknecht*[27], Einl. D 5; sowie etwa *Vollkommer*, S. 86.

Hingegen bietet die Strafprozeßordnung keine nähere gesetzliche Regelung der „einfachen" Schriftform. Es besteht ferner auch keine allgemeine Vorschrift[43] darüber, ob zur Form der „Schriftlichkeit" eine Unterschrift unerläßlich ist, so daß sich die Frage stellt, ob die Definition in § 126 Abs. 1 BGB auch im Strafprozeß Anwendung findet.

II. Anwendung auf die Strafprozeßordnung

Zunächst hat das Reichsgericht eine Unterzeichnung der Schrift, welche jedoch nicht handschriftlich erfolgen mußte, als wesentliches Merkmal der einfachen Schriftform angesehen.[44] Diesen Standpunkt gab das Reichsgericht jedoch bereits 1888 auf und verzichtete auf das Erfordernis der Unterzeichnung als wesentliches Merkmal der Schriftlichkeit, soweit aus dem Schriftstück bedenkenfrei die Identität des Erklärenden und dessen Absicht die Erklärung abzugeben, zu ersehen war.[45] Auch die Literatur schloß sich schnell dem formfreieren Standpunkt an:[46] Zur Schriftform gehöre, anders als im Rahmen des § 126 Abs. 1 BGB, die Unterschrift schon deshalb nicht, weil in manchen Fällen die Unterzeichnung in der StPO eigens vorgeschrieben sei. Die Schriftform sei daher bereits gewahrt, wenn sich aus dem Schriftstück entnehmen lasse, welche Erklärung abgegeben wird und wer sie abgibt.[47] Die Einhaltung der im Strafprozeß vom Gesetze geforderten Schriftform setzt folglich eine handschriftliche Unterzeichnung nicht voraus.[48] Verlangt das Gesetz dagegen Unterschrift oder Unterzeichnung (sog. qualifizierte Schriftform), so sei damit die eigenhändige[49] Unterschrift mit vollem Namen gemeint.[50]

---

43 Wie etwa im Zivilrecht § 126 BGB oder im Zivilprozeßrecht § 130 ZPO.
44 Dazu RGSt 3, 442; 17, 256; 32, 277, 279; 63, 246, 247; KG, DJZ 1905, 125.
45 Etwa RGSt 17, 256; 38, 282, 283; 67, 385, 388; BayObLG, GA 52, 425.
46 Vgl. KMR[6]-*Müller-Sax*, Einl. 10 g (3) (S. 64); LR[21]-*Jagusch*, § 306 Anm. 3b und § 314 Anm. 2b; *Schmidt*, Lehrkommentar II § 314 Rn. 8; a.A. *Dünnebier*, JR 1962, 467.
47 Dazu *Volk*, Strafprozeßrecht, § 15 Rn. 19.
48 Vgl. statt vieler OLG Düsseldorf, JZ 1998, 1128.
49 Durch das Erfordernis der Eigenhändigkeit unterscheidet sich die Begründung von der Einlegung des Rechtsmittels, bei der die Erklärung lediglich „schriftlich" abzugeben ist – so auch RGSt 63, 246, 248; 69, 137, 138; BGHSt 12, 317; BGHZ 75, 340, 348.
50 Statt vieler *Kleinknecht/Meyer-Goßner*, Einl. Rn. 126; sowie *Schlüchter*, Strafverfahren, Rn. 141.

III. Qualifizierte Schriftform

Eine Unterzeichnung durch einen Verteidiger[51] oder Rechtsanwalt[52] wird in der Strafprozeßordnung an verschiedenen Stellen vorgeschrieben. So kann die Revision des Angeklagten gem. *§ 345 Abs. 2 StPO* außer zu Protokoll der Geschäftsstelle nur in einer „von dem Verteidiger oder einem Rechtsanwalt unterzeichneten Schrift" begründet werden. Gleiches gilt für die Stellung des Wiederaufnahmeantrags nach *§ 366 Abs. 2 StPO.* Ebenso kann der Privatkläger Revisionsanträge und Anträge auf Wiederaufnahme „nur mittels einer von einem Rechtsanwalt unterzeichneten Schrift anbringen", *§ 390 Abs. 2 StPO.* Schließlich fordert *§ 172 Abs. 3 S. 2, 1. Hs StPO,* daß auch der Antrag auf gerichtliche Entscheidung im Klageerzwingungsverfahren „von einem Rechtsanwalt unterzeichnet" sein muß.

B. Abgrenzung zur Schriftform im Zivilprozeß

Die Frage, ob z. B. der bei einer Rechtsmittelbegründung geforderten Unterschrift in den verschiedenen Prozeßordnungen eine unterschiedliche Bedeutung zukommt, ist von großer Wichtigkeit. So stellt sich des öfteren die Frage, ob Erkenntnisse aus dem zivilprozessualen Bereich im Strafprozeßrecht Berücksichtigung finden können und umgekehrt.

Besonderes Augenmerk ist dabei auf die formgerechte Einreichung der Revisionsbegründung zu richten. Bei der Einlegung und Begründung der Revision im Zivilprozeß handelt es sich um sogenannte *bestimmende*[53] Schriftsätze.[54] Bestimmende Schriftsätze sind solche, die unmittelbar[55] prozessuale Rechte und Pflichten für beide Parteien begründen.[56] Diese unterliegen – gleich der qualifizierten Schriftform im Strafprozeß – dem Unterzeichnungszwang.[57] Anders als

---

51 Die Unterscheidung zwischen Verteidiger und Rechtsanwalt resultiert aus § 138 StPO, vgl. dazu *Haller/Conzen*, Rn. 428.

52 Der Rechtsanwalt muß nicht schon als Verteidiger tätig geworden sein, so BVerfG, NJW 1996, 713; vgl. auch *Kramer*, Rn. 343.

53 Bestimmende Schriftsätze sind solche, bei welchen die enthaltenden Prozeßhandlungen bereits mit Einreichung der Schrift bei Gericht oder mit deren Zustellung an den Gegner wirksam werden.

54 Vgl. dazu etwa Baumbach/Lauterbach/Albers/*Hartmann*, § 129 ZPO, Anm. 5.B oder Stein/Jonas/*Leipold*, § 129 ZPO, Rn. 5.

55 D.h. ohne Entscheidung des Gerichts.

56 Vgl. dazu OLG München, NJW 1979, 2570; MüKo-*Peters*, § 129 ZPO Rn. 5; Zöllner-*Greger*, § 129 ZPO Rn. 3; *Peter/Schmittmann*, JA 1995, 516, 517.

57 Vgl. z.B. Baumbach/Lauterbach/Albers/*Hartmann*, § 129 ZPO, Anm. 6. A; *Thomas/Putzo*, § 129 Rn. 6.

in der Strafprozeßordnung wird das Erfordernis einer Unterzeichnung jedoch nicht in den einzelnen Normen explizit vorgeschrieben. Vielmehr enthält die Vorschrift der Revisionsbegründung (§ 554 ZPO) einen Verweis zu den allgemeinen Vorschriften über die vorbereitenden[58] Schriftsätze. Dort ist insbesondere § 130 Nr. 6 ZPO von zentraler Bedeutung, wonach vorbereitende Schriftsätze eigenhändig unterschrieben werden *sollen*. Diese Sollvorschrift wird für bestimmende Schriftsätze jedoch wie eine Mußvorschrift behandelt, damit erkennbar ist, daß es sich um eine endgültige Erklärung handelt und der Unterzeichner die Verantwortung übernimmt.[59]

Da das Unterschriftserfordernis auch für die qualifizierte Schriftform im Strafprozeß gilt, ist eine gewisse Vergleichbarkeit zwischen den zivilprozessualen Regelungen für *bestimmende* Schriftsätze und den strafprozessualen Regelungen in Bezug auf die *qualifizierte* Schriftform erkennbar.[60] Da in allen Prozeßordnungen – insbesondere bei den Rechtsmitteln – Fristen einzuhalten sind, stellt sich aufgrund der Eilbedürftigkeit auch im Zivilprozeß immer wieder die Frage, ob Rechtsmittel wirksam unter Zuhilfenahme moderner Kommunikationstechnologie fristwahrend eingelegt und begründet werden können.[61] Aufgrund der Vergleichbarkeit der Formvorschriften sind die Gedanken und Anregungen von Rechtsprechung und Literatur auch für den Strafprozeß beachtlich. Letztlich ist jedoch ausschlaggebend, daß es sich bei dem Unterschriftenzwang im Zivilprozeßrecht tatsächlich nur um eine Sollvorschrift handelt, die von der Rechtsprechung lediglich wie eine Mußvorschrift behandelt wird.[62]

3. Abschnitt: Sinn und Zweck der Unterzeichnung

Bei der Frage, wie sich das Formerfordernis der Unterzeichnung auf einen möglichen Einsatz der neuen Medien auswirkt, ist der Sinn und Zweck der Unterzeichnung von besonderer Bedeutung. Um diesen darlegen zu können, muß die Rechtsprechung ausgewertet werden. Auch ist die Diskussion in der Literatur zu beachten, um eine umfassende teleologische Betrachtung zu ermöglichen.

---

58 Vorbereitende Schriftsätze sind schriftliche Parteierklärungen, welche der Vorbereitung und Erleichterung der mündlichen Verhandlung dienen, ohne prozeßgestaltende Wirkung zu entfalten.

59 So BGHZ 75, 340, 349; AK-ZPO-*Puls*, § 129 Rn. 7; Musielak/*Stadler*, § 129 Rn. 8; *Zimmermann*, § 130 Rn. 3.

60 Ähnlich *Peter/Schmittmann*, JA 1995, 516, 517.

61 Ausführlich *Bachofer*, NJW-CoR 1993, 25, 27.

62 Instruktiv Baumbach/Lauterbach/Albers/*Hartmann*, § 130 ZPO Anm. 5; Stein/Jonas-*Leipold*, § 129 ZPO Rn. 8.

A. Auswertung der Rechtsprechung und Literatur

I. Rechtsprechung

1. Eigenhändigkeit und Möglichkeit der Stellvertretung bei der Unterzeichnung

Der BGH fordert durchweg, daß die Unterzeichnung *eigenhändig*[63] von einem Verteidiger (§§ 137 ff. StPO) oder dem bei einem deutschen Gericht[64] zugelassenen Rechtsanwalt zu leisten ist. Durch dieses Erfordernis stellt sich die grundlegende Frage, inwiefern eine Unterschrift auch von einem Stellvertreter wirksam geleistet werden kann. Grundsätzlich erkennt die ständige Rechtsprechung eine Vertretung bei der Unterzeichnung nicht an.[65] Davon ausgenommen sei allerdings die des amtlich bestellten Vertreters,[66] auch wenn dieser kein Rechtsanwalt ist.[67]

Eine vom Rechtsanwalt oder Verteidiger nicht unterzeichnete Schrift ist nicht wirksam. Selbst eine beglaubigte Abschrift von dem unterzeichneten Schriftstück genügt nicht. Hingegen entfalte eine vom Rechtsanwalt unterzeichnete Abschrift die gleiche Wirksamkeit wie die unterzeichnete Urschrift selbst.[68]

2. Gestaltung des Schriftzuges

Bei den Anforderungen an die Gestaltung des eigenhändig geleisteten Namensschriftzuges zeigte sich die Rechtsprechung bis auf wenige Ausnahmen durchweg formstreng:[69] So müsse die Unterschrift zwar nicht lesbar sein, aber aus

---

63 Vgl. dazu BGHSt 31, 7; BGH, NJW 1980, 29.

64 So auch OLG Köln, MDR 1955, 311; OLG Hamburg, NJW 1962, 1689.

65 Vgl. BGH, StV 1982, 213; BayObLG, NJW 1991, 2096: gerade auch der einschränkende Zusatz „i.V." spreche gegen eine eigenverantwortliche Prüfung und Billigung des rechtlichen Gehalts der unterzeichneten Schrift, so daß die unterschriebene Rechtsmittelbegründung, obwohl sie von einem Anwalt unterzeichnet wurde, formunwirksam ist; siehe auch KG, JR 1974, 207, 208, das bei einer Unterzeichnung eines mit Untervollmacht versehenen Mitarbeiters einen Hinweis auf das Vertretungsverhältnis fordert, vgl. i.ü. die Anm. von *Kohlhaas*, der diesen Hinweis großteils für nicht erforderlich erachtet; i.d.S. auch BayObLG, NJW 91, 2095; sowie KMR-*Paulus*, § 345 Rn. 18.

66 Vgl. BGH, NStZ 1992, 248.

67 Eingehend LR-*Hanack*, § 345 Rn. 22.

68 Vgl. dazu KMR-*Paulus*, § 345 Rn. 15.

69 So auch BGHSt 12, 317 = NJW 1959, 734; BGH, MDR 1960, 397; 1964, 747; OLG Celle, NJW 1995, 3198; *Dahs/Dahs*², Rn. 329; KK-*Kuckein*, § 345 Rn. 12; KMR-*Paulus*,

Schriftzügen bestehen, welche die Identität des Unterschreibenden hinreichend kennzeichnen. Als nicht ausreichend wurde daher die Verwendung bloßer Anfangsbuchstaben angesehen.[70] Vielmehr müsse es sich um einen den Unterzeichner individualisierenden Schriftzug handeln.[71] Daher sollen auch geometrische Figuren oder Zeichen, denen die charakteristischen Merkmale der Unterschrift fehlen, nicht dem Erfordernis der Unterzeichnung genügen.[72]

a. Reichsgericht (Schriftzeichen in der Unterzeichnung)

Bereits das Reichsgericht entschied, daß Zeichen oder eine gekrümmte Linie nicht die Anforderungen einer Unterzeichnung erfüllen:[73] Obwohl die Zeichen, welche im konkreten Fall in Form einer Schlangenlinie unter der Revisionsbegründungsschrift stehen, offensichtlich eine Unterschrift darstellen sollten, handelte es sich nach Ansicht des 1. Senates bei der vermeintlichen Unterschrift nicht um Schriftzeichen. Diese seien jedoch zwingend erforderlich, um das Vorhandensein einer Unterzeichnung zu bejahen. Die Revisionsbegründung wurde deshalb im Sinne der zwingenden Vorschrift des § 345 Abs. 2 StPO als nicht unterzeichnet und damit als unzulässig abgewiesen.

b. BGH (geschlängelte Linie als Unterzeichnung)

Zwar sah der *BGH* davon ab, die Lesbarkeit[74] der Unterzeichnung zu verlangen, jedoch müsse ein die Identität des Unterschreibenden ausreichend kennzeichnender individueller Schriftzug vorliegen, der einmalig ist, entsprechende Merkmale aufweist und sich als Unterschrift eines Namens darstellt:[75] Was unter einer Unterschrift zu verstehen sei, ergebe sich aus dem Sprachgebrauch und dem Zweck der Formvorschrift.[76] Zwingende Voraussetzung sei, daß zumindest

---

§ 345 Rn. 18; *Kleinknecht/Meyer-Goßner*, Einl. Rn. 129; *Sarstedt/Hamm*, Rn. 203; zur Darstellung der wechselnden Einstellung im Hinblick auf die Lesbarkeit von Unterschriften von *Hecker*, S. 238, 239.

[70] Vgl. z.B. RGSt 37, 81; 69, 138; BGH, NJW 1967, 2310; *Dahs/Dahs*, Rn. 59; KK-*Kuckein*, § 345 Rn. 12; KMR-*Paulus*, § 345 Rn. 18; *Kleinknecht/Meyer-Goßner*, Einl. Rn. 129; LR-*Hanack*, § 345 Rn. 24.

[71] Vgl. BGHSt 12, 317; *Schlüchter*, Strafverfahren, Rn. 141.

[72] Siehe dazu BGHSt 12, 317; RG, JW 1929, 52 m. Anm. *Ascher/Jansen*, JW 1929, 264; RG, DRiZ 1928, Nr. 937; OLG Hamburg, MDR 1973, 428; *Dahs/Dahs*, Rn. 59; KMR-*Paulus*, § 345 Rn. 18; *Kleinknecht/Meyer-Goßner*, Einl. Rn. 129; LR-*Hanack*, § 345 Rn. 24.

[73] Vgl. RG, JW 1929, 52.

[74] Siehe hierzu BGH, Rpfleger 1975, 351: eine solche Anforderung sei überspannt und werde den tatsächlichen Verhältnissen und der Übung nicht gerecht, vgl. auch BGHSt 12, 317, 318 = NJW 1959, 734.

[75] Vgl. dazu BGH, AnwBl. 1974, 225; BGHSt 12, 317.

[76] Vgl. BGH, Rpfleger 1975, 351.

einzelne Buchstaben zu erkennen seien, weil es sonst an dem Merkmal einer Schrift überhaupt fehle.[77] Außerdem setze das Wesen einer Unterschrift voraus, daß das Schriftbild einen individuellen Charakter aufweist, der die Unterscheidungsmöglichkeit gegenüber anderen Unterschriften gewährleiste und eine Nachahmung durch einen beliebigen Dritten zumindest erschwere.[78]

Schwierig wird die Abgrenzung zwischen einem willkürlichen Schriftgebilde und einer Unterzeichnung, wenn der Aussteller auch sonst mit dem Schriftzug, bestehend aus mehreren zusammenhängenden, teils waagerecht, teils senkrecht verlaufenden Bögen und Linien verschiedener Größe, zu unterzeichnen pflegt.[79] In diesem Fall ist ein charakteristischer Schriftzug zu bejahen. Die Bedenken, daß der Unterzeichnende nicht erkennbar ist, könnten nicht ohne weiteres aufrecht erhalten werden, da aufgrund der Kontinuität eine Ausstellererkennbarkeit vorhanden ist. Dieser Grenzfall wurde vom *4. Strafsenat des BGH*[80] erkannt und das äußerst undeutliche Schriftgebilde des Verfassers als Unterzeichnung anerkannt, auch wenn „eine so nachlässige Unterzeichnung der Bedeutung der Revisionsbegründung nicht entspricht".

Die Mängel dürfen jedoch nicht so weit gehen, daß der „Schriftzug" nicht mehr als solcher erkennbar ist und Zweifel daran bestehen, daß das Schriftbild einen Namen darstellen soll.[81] Auch müßten genügend Merkmale für die Erkennbarkeit in diesem Sinne enthalten sein, so daß aufgrund der Darstellung des Schriftbildes keine rechtlichen Bedenken bestünden. Nur so könne der Gefahr von Mißbräuchen begegnet werden.

3. Weitere Anforderungen

a. Doppelnamen

Die Unterschrift besteht aus dem Namensschriftzug des Unterzeichners, so daß bei der Unterzeichnung der bürgerliche (Zu-)Name handschriftlich wiedergegeben werden muß.[82] Bei Doppelnamen besteht daher die Frage, ob einer der Namen ausreicht, um eine zulässige Unterzeichnung zu erstellen. Da es sich dabei

---

[77] So auch BGH, JR 1974, 381, 382 m. Anm. *Bassenge* = AnwBl. 1974, 225 m. Anm. *Chemnitz;* BGH, NJW 1975, 1705 = Rpfleger 1975, 351 m. Anm. *Vollkommer*; KK-*Kuckein*, § 345 Rn. 12; KMR-*Paulus*, § 345 Rn. 18; *Kleinknecht/Meyer-Goßner*, Einl. Rn. 129; LR-*Hanack*, § 345 Rn. 24.

[78] So auch BGH, NJW 1967, 2310; BGH, Rpfleger 1975, 351.

[79] Vgl. BGHSt 12, 317, 319 f.

[80] BGHSt 12, 317, 320, 326.

[81] Siehe hierzu BGH, Rpfleger 1975, 351.

[82] Vgl. RGSt 37, 82; RG, JW 1929, 52.

lediglich um einen Teil des Namens handelt, werden vereinzelt noch beide Teile des Namens gefordert.[83] Die Rechtsprechung hat sich jedoch dahingehend gefestigt, daß die Anforderungen an eine eigenhändige Unterschrift auch dann erfüllt sind, wenn der Schriftzug individuell und einmalig ist, entsprechende charakterliche Merkmale aufweist und sich so als eine, die Identität des Unterzeichnenden ausreichend kennzeichnende Unterschrift seines Namens darstellt.[84] Daher wird von den Gerichten auch die Unterzeichnung mit dem ersten Teil des Namens für ausreichend erachtet, wenn die Unterschrift den Anforderungen genügt und keinerlei Zweifel an der Identität des Unterzeichnenden bestehen.[85]

b. Namens- und Kanzleistempel

Die Verwendung eines Namens- oder Kanzleistempels ist als Ersatz einer Unterzeichnung nicht zulässig.[86] Ein so erstelltes Schreiben werde nicht von einem Rechtskundigen unterzeichnet, sondern lediglich mit einem dessen Namenszug enthaltenden Stempel versehen, so daß keine Übernahme der Verantwortung durch eine eigenhändige Unterzeichnung angezeigt werde.[87] Es sei verfehlt, den Sinn der Unterzeichnung durch den Aufdruck des Faksimilestempels aus dem Grund als gewahrt anzusehen, weil der Aussteller auch mit dem Stempeldruck signalisiere, die Verantwortung für das Schreiben zu übernehmen. Vielmehr sei es doch so, daß eine zulässige Revisionsbegründung nur vorliege, wenn diese von einem Rechtsanwalt oder Verteidiger handschriftlich unterzeichnet sei.[88] Neben der eigenhändigen Unterzeichnung dürfen keine Anzeichen vorliegen, die daran zweifeln lassen, daß der Unterzeichner die Verantwortung für das Schreiben übernimmt. Ein Umkehrschluß dahingehend, daß auf die eigenhändige Unterzeichnung verzichtet werden kann, wenn klar ist, daß der Aussteller auch mit anderen Mitteln (wie etwa seinem Namensstempel) signalisiert, daß er die Verantwortung für das Schreiben übernimmt, ist mithin nicht zulässig. Daher wird einhellig, auch um der Mißbrauchsgefahr entgegenzuwirken, der mittels

---

83 Vgl. etwa *Kleinknecht/Meyer-Goßner*, Einl. Rn. 129.

84 So die ständige Rechtsprechung, statt vieler vgl.: BGHSt 12, 317 = NJW 1959, 734; sowie BGH, NJW 1967, 2310 und BGH, NJW 1982, 1467.

85 So auch OLG Frankfurt, NJW 1989, 3030; vgl. auch BVerfG, NJW 1988, 1577, wonach zwar einerseits die Verpflichtung der Ehegatten, einen gemeinsamen Ehenamen zu führen, nicht gegen das Persönlichkeitsrecht des Ehegatten, dessen Geburtsnamen nicht Ehename wird, verstößt, andererseits aber auch keine starre Namensführungspflicht. besteht; vgl. auch *Blase/Wielop*, S. 251; sowie LR-*Hanack*, § 345 Rn. 24.

86 Siehe z.B. RGSt 69, 137; BGH bei *Kusch*, NStZ 1992, 225; BayObLGSt 20, 298; *Dahs/Dahs*, Rn. 59; KK-*Kuckein*, § 345 Rn. 12; LR-*Hanack*, § 345 Rn. 24; *Sarstedt/Hamm*, Rn. 203; *Schlüchter*, Kernwissen, S. 82.

87 So RGSt 69, 137, 138.

88 Dazu RGSt 69, 137, 139.

eines Faksimilestempels hergestellte Abdruck des Namenszuges als nicht zulässig für unterzeichnungsbedürftige Schriften angesehen.[89]

Inkonsequenterweise wurde indes die Verwendung einer Blankounterschrift eines Rechtsanwaltes vom *OLG München* als grundsätzlich zulässig angesehen, soweit deren Verwendung auf unvorhersehbare Ausnahmesituationen beschränkt bleibe.[90] Zu fordern sei eine auf den Einzelfall bezogene Anleitung und Überwachung (etwa fernmündlich) durch den Rechtsanwalt, zumal die Verantwortung dafür, daß ein Rechtsmittelschriftsatz beim richtigen Gericht in der entsprechenden Form eingeht, der prozeßbevollmächtigte Anwalt trage.[91]

c. Unterzeichnung auf einem beigefügten Blatt

Eine Unterzeichnung auf einem beigefügten Blatt oder aufgeklebten Zettel genügt nach Ansicht der Rechtsprechung nicht.[92] Selbst wenn auf einem beigefügten Schriftstück in einem unterzeichneten Schreiben an das Gericht Bezug genommen wird, liege eine rechtmäßig unterzeichnete Schrift des Verteidigers oder Rechtsanwalts i.S.d. § 345 Abs. 2 StPO nicht vor.[93]

II. Kritik der Literatur an der Formstrenge der Rechtsprechung

Bei der Betrachtung der durchweg formstrengen Ansicht der obersten Gerichte stellte sich bereits 1929 die Frage der Praktikabilität. Es sei zu prüfen, ob das im Geschäftsleben übliche unleserliche, aber den Unterzeichnenden charakterisierende und deswegen kaum nachzuahmende „Geschnörkel" zur Unterzeichnung der Revisionsbegründung nicht doch genüge.[94] Kritik an der ständigen Rechtsprechung sei angebracht, da eine solche Handhabung wohl

---

89 Vgl. statt vieler *Kleinknecht/Meyer-Goßner*, Einl. Rn. 129 m.w.N.; sowie LR-*Hanack*, § 343 Rn. 24.

90 Zum Zivilprozeß OLG München, NJW 1989, 1166, wobei es sich wohl um eine Einzelentscheidung handelt.

91 Eine Entscheidung in Bezug auf den Strafprozeß ist bislang noch nicht ergangen.

92 So RGSt 18, 103; wie auch KMR-*Paulus*, § 345 Rn. 18; *Sarstedt/Hamm*, Rn. 202; vgl. aber BGH, NStZ 1984, 563, wo bei einer Revisionsbegründung von 2.938 Blättern, abgeheftet in neun Ordnern, Zweifel an der Zulässigkeit angemeldet wurden, da sich nur auf der letzten Seite der neun vom Angeklagten zusammengestellten Leitz-Ordner die Unterschrift des prozeßbevollmächtigten Anwaltes befand.

93 So auch RGSt 14, 348; 74, 297; BayObLGSt 1955, 257 = Rpfleger 1956, 286; OLG Köln, NJW 1975, 890; LR-*Hanack*, § 345 Rn. 21: obwohl teilweise der Eindruck erweckt wird, daß auch Anlagen als unbeachtlich angesehen werden, auf die Bezug genommen wird. Obgleich sie nicht abgezeichnet sind, sei dies nicht richtig, da anerkanntermaßen jedenfalls bei Rechtsausführungen zur Sachrüge Bezugnahme ohne weiteres erlaubt sind.

94 Differenzierend *Ascher*, JW 1929, 264.

sprechung sei angebracht, da eine solche Handhabung wohl darauf hinauslaufe, daß die Lesbarkeit der Unterschrift vom Revisionsgericht überprüft werde und es nicht selten zu dem Ergebnis kommen werde, daß die Unterschrift nicht aus Schriftzeichen besteht und einen Namen nicht erkennen läßt. Dies verkenne jedoch die Funktion der Unterzeichnung. Sinn der Unterzeichnung sei es, daß ein Rechtskundiger die Verantwortung für das Erklärte übernimmt und somit dem Rechtsmittelgericht die Prüfung ganz grundloser oder unverständlicher Anträge, wie sie häufig von Laien verfaßt werden, erspart. Dafür sei es nicht erforderlich, daß der Anwalt zu „Schönschreibübungen" veranlaßt wird.[95] Vielmehr reiche es aus, daß ein charakteristischer Schriftzug vorliegt, mit dem der Anwalt identifiziert werden kann.[96] Ferner sei zu bedenken, daß die praktische Anwendung der von der Rechtsprechung geforderten Grundsätze eine große Rechtsunsicherheit in das gerichtliche Verfahren trage.[97]

In einer konsequenten Weiterentwicklung seiner Annahme, daß die Unterzeichnung nicht den Wert einer Unterschrift habe und daher für die Unterzeichnung sogar Initialen ausreichen würden,[98] verweist *Ascher*[99] auf den von ihm erkannten Zweck der Unterzeichnung: In den Vorschriften der §§ 172 Abs. 3 S. 3, 345 Abs. 2, 390 Abs. 2, 366 Abs. 2 StPO, in denen nur von „Unterzeichnung" die Rede ist, handele es sich weniger darum, gerade diesen Namen kenntlich zu machen, als dem Schriftstück durch Hinzugabe der Unterzeichnung eines Rechtsanwalts eine gewisse Form und Würde zu verleihen. Eine Unterzeichnung könne daher auch durch einen Schnörkel oder etwa durch russische, chinesische oder hebräische Lettern geschehen, die als Unterschrift nicht verwendbar wären. Daher seien auch Unterzeichnungen, welche „schlechterdings keine Schriftzeichen"[100] enthalten müssen, als zulässig anzusehen. Eine gegenteilige Entscheidung lasse sich daher auch bei Anwendung übertriebener Pedanterie nicht halten.[101]

Auch *Chemnitz*[102] steht der Rechtsprechung zur „gekrümmten Linie" ablehnend gegenüber: Ziel des Verfahrens sei es, eine Entscheidung über die materielle Rechtslage zu ermöglichen und nicht – wie es derartige Entscheidungen vermu-

---

95 Vgl. dazu Stein/Jonas-*Leipold*, § 129 II Rn. 23 – 26, der darauf hinweist, daß das Recht auf Zugang zu den Gerichten bereits durch Art. 6 Abs. 1 EMKR garantiert ist und dies nicht an formalistischen Anforderungen an die Unterschrift scheitern darf.
96 Ausführlich *Jansen*, JW 1929, 264.
97 So etwa *Vollkommer*, Rpfleger 1975, 352.
98 Vgl. Gliederungspunkt 1. Kapitel, 1. Abschnitt, C., II.
99 In JW 1929, 264.
100 Vgl. RG, JW 1929, 52.
101 Wiederum *Ascher*, JW 1929, 264.
102 In AnwBl 1974, 225.

ten lassen – diese zu verhindern. Durch die Wiedereinsetzung in den vorigen Stand werde das Verfahren unnötig hinausgezögert, so daß eine etwas formfreiere Auffassung der Gerichte einen wesentlich effizienteren Gerichtsverkehr ermöglichen würde. Ferner könne es auch nicht angehen, daß das „gute Recht" einer Partei an den Formvorschriften des Prozesses scheitert.[103]

Die strengen Anforderungen der Rechtsprechung stoßen auch in der neueren Literatur zum Teil auf Ablehnung:[104] Berechtigt sei die Formstrenge nur dort, wo vernünftige Zweifel an der Identität des Ausstellers oder der Verantwortungsübernahme bestehen und nicht behoben werden könnten. Eine Nichtanerkennung der Unterschrift begründe regelmäßig eine Wiedereinsetzung in den vorigen Stand,[105] führe also zu unnötigem Leerlauf. Insbesondere sei auch wenig einleuchtend, warum die Unterschrift auf einem besonderen Blatt oder einem aufgeklebten Zettel als nicht ausreichend gelten könne,[106] zumal das Erfordernis der Unterzeichnung nicht unbedingt räumlich zu verstehen sei und die Unterschrift sich nicht zwingend *unter* der Schrift befinden müsse. Auch der verbreiteten Ansicht, daß die Unterschrift auf einem Anschreiben, dem die nicht unterzeichnete Rechtsmittelbegründungsschrift beigefügt ist, nicht genügen soll,[107] wird heftig widersprochen:[108] Die enge Auslegung sei nicht angemessen, wenn das unterzeichnete Anschreiben keine Anzeichen enthalte, die auf eine sachliche Distanzierung von der beigefügten Begründungsschrift hindeuten. Dem Erfordernis, daß die Unterschrift derart auf der Begründungsschrift angebracht sein muß, daß sie deren gesamten Inhalt deckt, sei unter Umständen auch dann genüge getan, wenn lediglich das mit der Schrift verbundene Anschreiben unterzeichnet sei.[109]

III. Stellungnahme

Die Kritik der Literatur ist dahingehend berechtigt, daß eine pedantisch formstrenge Haltung der Gerichte nicht dazu führen darf, eine Überprüfung des Urteils in rechtlicher Hinsicht zu vereiteln. Auf der anderen Seite darf jedoch ein weniger formstrenger Standpunkt nicht dazu führen, das Formerfordernis derart

---

103 Zwar spricht *Chemnitz* den Zivilprozeß an, jedoch gilt gleiche Argumentation auch für den Strafprozeß.

104 Kritisch LR-*Hanack*, § 345 Rn. 24, *Sarstedt/Hamm*, Rn. 201.

105 Vgl. zu den Grundsätzen zur Wiedereinsetzung in den vorigen Stand *Beulke*, Strafprozeßrecht, Rn. 305; *Hellmann*, IV § 5 Rn. 21; *Rüping*, Rn. 588.

106 Eingehend LR-*Hanack* § 345 Rn. 25.

107 Statt vieler: KMR-*Paulus* § 345 Rn. 18; *Sarstedt/Hamm,* Rn. 202.

108 Instruktiv LR-*Hanack*, § 345 Rn. 25; zwar noch zurückhaltend, wohl aber auch in diesem Sinne KK-*Pikart*, § 345 Rn. 13; aufschlußreich auch BFH, NJW 1974, 1582.

109 So auch KK-*Pikart*, § 345 Rn. 13.

zu reduzieren, daß Sinn und Zweck der Unterzeichnung nicht mehr erfüllt wird. Bei genauer Betrachtung des *BGH*-Urteils[110] zur Gestaltung des Schriftzuges wird deutlich, daß die Rechtsprechung keineswegs Schönschreibübungen[111] verlangt. Vielmehr wird auf den individuellen Charakterzug des Schriftbildes abgestellt, wobei unzweifelhaft feststehen muß, daß das Schriftbild einen Namen darstellt. Eine Lesbarkeit des Namens wird dagegen nicht verlangt. Das Argument der Rechtsprechung, bei einer Unterzeichnung müßten mindestens einzelne Buchstaben erkennbar sein, geht von dem verfolgten Kriterium der Charakteristik der Unterzeichnung wieder ab. So besteht durchaus die Möglichkeit, daß eine Unterzeichnung charakteristische Merkmale aufweist, ohne daß einzelne Buchstaben erkennbar sind. Daher hat die Kritik an den Urteilen zur „geschlängelten" Linie durchaus seine Berechtigung.

Die vor allem von *Hanack*[112] angeführte Kritik an der Rechtsprechung, welche eine Unterschrift auf einem beigefügten Blatt oder aufgeklebten Zettel nicht ausreichen läßt, hat indes einige Schwächen. Würde doch eine Billigung der Unterzeichnung auf einem aufgeklebten Zettel im Vergleich zur Behandlung des Faksimilestempels zu ungleichen Ergebnissen führen. Tatsächlich sind auffällige Parallelen bei der Nutzung eines Faksimilestempels und dem Aufkleben einer bereits unabhängig vom Schreiben abgegebenen Unterschrift ersichtlich, so daß für die Rechtssicherheit eine gleiche Behandlung geboten ist. Mithin erscheint es – auch ohne Anzeichen einer Distanzierung von der Schrift – gerechtfertigt, daß eine Unterschrift auf einem gesondert beigefügten Blatt oder einem aufgeklebten Zettel als nicht ausreichend anzusehen ist.

B. Resümee

Insgesamt zeigt sich trotz der Divergenz in Einzelfragen und dem immerwährenden Kampf zwischen Formstrenge und Formfreiheit ein recht einheitliches Bild in Hinblick auf die Intention der Unterzeichnung. In einer Zusammenfassung läßt sich der Sinn und Zweck der Unterzeichnung in der StPO daher in die fünf folgenden Unterpunkte einteilen:

---

110 BGH, Rpfleger 1975, 351.

111 Vgl. zu dieser Interpretation *Jansen*, JW 1929, 264.

112 In LR § 345 Rn. 25.

I. Übernahme der Verantwortung

Die Übernahme der Verantwortung für das unterzeichnete Schriftstück stellt eine der wichtigsten Funktionen der Unterzeichnung dar.[113] Mit der Unterschrift soll – wie bei der Erklärung zu Protokoll – gewährleistet werden, daß der Unterzeichnende die Verantwortung für das Erklärte übernimmt.[114] Aus diesem Grund ist es grundsätzlich auch zulässig, daß ein Rechtsanwalt eine hauptsächlich vom Angeklagten verfaßte Schrift unterzeichnet und damit verdeutlicht, daß er die Verantwortung für den Inhalt der Schrift übernimmt.[115] Zwingende Voraussetzung ist allerdings, daß der Rechtsanwalt das Geschriebene sowohl inhaltlich als auch formal billigt. So kann auch dem Unterzeichnungserfordernis nicht genüge getan sein, wenn sich die Mitwirkung des Rechtsanwalts in der Beifügung seiner Unterschrift erschöpft.[116] Sofern erkennbar ist, daß der Verteidiger oder Rechtsanwalt die Verantwortung nicht übernommen hat bzw. übernehmen wollte, sondern beispielsweise seinen Unmut über das Urteil oder sein Nachdenken über eine mögliche Revision zum Ausdruck bringen möchte, gilt das unterzeichnungsbedürftige Schriftstück trotz tatsächlicher Unterschrift als nicht wirksam unterzeichnet.[117] Grundsätzlich aber indiziert die Unterschrift des Anwalts die Übernahme der Verantwortung für das Schriftstück, soweit keine entgegenstehenden Anhaltspunkte vorliegen. Daher ist festzuhalten, daß das Erfordernis der Unterzeichnung keinen Selbstzweck darstellt,[118] sondern der Klarstellung dient, daß es sich bei dem eingereichten Schriftsatz um eine „für das Gericht bestimmte, mit dem Willen des Unterzeichners und unter seiner vollen Verantwortung zugehende prozessuale Erklärung handelt"[119].

---

[113] Vgl. etwa *Roxin*, § 53 Rn. 40; *Kramer*, Rn. 343; *Pfeiffer*, Rn. 152; ausdrücklich bereits *Sarstedt*, JR 1955, 233; *Schlüchter*, Strafverfahren, Rn. 141; vgl. auch Gliederungspunkt 1. Kapitel, 3. Abschnitt, A., I., 3., b.

[114] Statt vieler KK-*Pikart*, § 345 Rn. 15; sowie *Schäfer*, § 12 II 2c (S. 106); vgl. auch *Schlüchter*, Kernwissen, S. 82.

[115] Deutlich RGSt 30, 366, 367; LR-*Hanack*, § 345 Rn. 20.

[116] So auch RGSt 21, 159; 73, 23; sowie OLG Hamburg, JR 1955, 233; vgl. weiterhin OLG Köln, NJW 1975, 890; als auch KMR[6]-*Müller-Sax*, § 345 Nr. 8; *Roxin*, S. 374.

[117] Vgl. BayObLG, NJW 1991, 2095, 2096; BGHSt 25, 272, 273; BGH, NJW 1973, 1514; *Joachimski*, S. 228; Kleinknecht/*Meyer-Goßner*, § 345 Rn. 16; vgl. auch *Kramer*, Rn. 343, der darlegt, daß durch die Verantwortungsübernahme eines Rechtskundigen den Gerichten eine zuverlässige Grundlage geboten werden soll; kritisch äußert sich dagegen *Beulke*, Der Verteidiger, S. 138 ff.

[118] Vgl. Gemeinsamer Senat der obersten Gerichtshöfe, NJW 1980, 172 ff.; sowie *Hoppmann*, VersR 1992, 1068.

[119] Vgl. zum Patentrecht BGH, NJW 1981, 1618, 1619.

II. Kein Entwurf

Des weiteren soll durch das Unterschriftserfordernis ausgeschlossen werden, daß bloße Entwürfe, die mitunter gegen den Willen des Rechtsanwalts versehentlich bei Gericht eingereicht werden, gleich einem ordnungsgemäßen Schriftsatz behandelt werden.[120] Erst durch die bewußte Unterschrift wird signalisiert, daß das Schriftstück in der vorliegenden Form für den Rechtsverkehr vom Unterzeichner freigegeben wird. Damit soll die Rechtssicherheit gewahrt und die Gerichte vor erhöhtem und unnötigem Arbeitsaufwand geschützt werden.[121]

III. Identitätsfunktion

Von Rechtsprechung und Literatur wird einheitlich ein charakteristischer Schriftzug gefordert. Durch den charakteristischen und möglichst einmaligen Namensschriftzug soll die Identität des Unterzeichners festgestellt werden können.[122] Dieser muß zwar nicht zwingend lesbar sein, ergibt aber in der Verbindung mit dem Briefkopf die eindeutige Aussage, daß sich hinter der Unterzeichnung der bestimmbare Rechtskundige verbirgt.

IV. Warn- und Schutzfunktion

Bereits der historische Gesetzgeber beabsichtigte durch die Forderung einer Unterzeichnung, daß der Aussteller für das Schreiben einstand .[123] So soll die Unterzeichnungspflicht dem Schutz des Erklärenden vor unüberlegten, rechtlich relevanten Handlungen dienen und vor übereilten prozeßgestaltenden Handlungen warnen, für welche er letztlich die Verantwortung übernimmt.[124] Die formalisierte Abgabe der Willenserklärung soll dem Erklärenden die Bedeutung seiner Willenserklärung vor Augen führen. Diese im Zivilrecht äußerst bedeutende Funktion tritt im Strafprozeßrecht insofern in den Hintergrund, als daß zur Unterzeichnung ausschließlich Verteidiger[125] (§§ 345 Abs. 2; § 366 Abs. 2 StPO) oder Rechtsanwälte (§§ 172 Abs. 3 S. 2, 1. Hs; 345 Abs. 2; § 366 Abs. 2; 390 Abs. 2 StPO) verpflichtet sind. Diese Berufs stände sind mit der Bedeutung der Unterzeichnung vertraut, so daß davon ausgegangen werden kann, daß sowohl

---

120 Vgl. z.B. BGH, NJW 1998, 3649, BGH, NJW 1976, 966.

121 Dazu etwa *Schroeder/Meindl*, S. 83.

122 Vgl. zum Beweiswert von Schriftuntersuchungen *Hecker*, S. 55.

123 Wiedergegeben bei *Hahn*, S. 255.

124 So bereits *Tholl*, S. 7.

125 Zur Verteidigung können gem. § 138 Abs. 1 StGB Rechtsanwälte sowie die Rechtslehrer an deutschen Hochschulen, gem. Abs. 2 auch andere Personen mit Genehmigung des Gerichts, gewählt werden. Vgl. dazu *Kleinknecht/Meyer-Goßner*, § 138 Rn. 7 ff.

Rechtsanwälten als auch Verteidigern die rechtsverbindliche Eigenschaft der Unterschrift bewußt ist. Daher schützt das Unterzeichnungserfordernis auch den Rechtskundigen vor voreiligen Versendungen prozeßgestaltender Schriftsätze.

Ferner schützt der Unterzeichnungszwang durch einen Rechtsanwalt oder Verteidiger auch den Angeklagten.[126] Der Rechtssuchende ist durch das Erfordernis der Unterzeichnung eines Rechtskundigen gezwungen, diesen aufzusuchen.[127] Da insbesondere die Revisionsbegründung auf Rechtsgründe gestützt werden muß, ist es von großer Bedeutung, daß dem angeklagten Laien ein rechtskundiger Beistand beratend zur Seite steht.

Somit kommt auch der im Prozeßrecht geforderten Unterzeichnung eine Warn- und Schutzfunktion sowohl für den Rechtsanwalt oder Verteidiger vor übereilten Schritten, wie auch für den Angeklagten vor der unzulässigen oder unbegründeten Verfolgung von Rechtsmitteln zu.[128]

V. Rechtssicherheit, Fälschungssicherheit

Der charakteristische Schriftzug der Unterzeichnung soll ferner die Fälschung prozeßgestaltender Schriftstücke erschweren. So können Sachverständige nach eingehender Prüfung oftmals eine Fälschung von der eigenhändigen Unterzeichnung des vermeintlichen Absenders unterscheiden. Durch die erreichte Fälschungserschwernis von Schriftstücken, welche einer qualifizierten Schriftform bedürfen, ist ein gewisses Maß an Rechtssicherheit erreicht. Das Gericht kann zunächst davon ausgehen, daß das unterzeichnete Schreiben von dem Rechtsanwalt oder Verteidiger herrührt, von dem es unterschrieben worden ist, und der Unterschriftleistende für den Inhalt einsteht.

---

[126] Das Interesse des Angeklagten an einer gesetzmäßigen und sachgerechten Revisionsbegründung hebt *Pfeiffer*, Rn. 152 hervor.

[127] Daher wird das Formerfordernis auch als Schwester der Freiheit bezeichnet, so *Jhering*, S. 471.

[128] Auch die Gerichte werden durch die Unterzeichnung eines Rechtskundigen dahingehend geschützt, daß sie nicht mit unzulässigen und sinnlosen Rechtsmitteln behelligt werden: So etwa *Kramer*, Rn. 343; *Kühne*, Rn. 664; *Pfeiffer*, Rn. 152; vgl. auch *Schroeder/Meindl*, S. 83.

2. Kapitel: Unterzeichnung im Verlauf der Medienentwicklung

1. Abschnitt: Telegramm und Fernschreiben

A. Historischer Verlauf bis hin zur Anerkennung des Telegramms für unterzeichnungsbedürftige Schriftsätze

I. Formstrenger Standpunkt der Rechtsprechung (1880)

Im Februar 1880 hat das *Reichsgericht* eine per Telegramm[129] eingereichte und begründete Revision wegen Mängeln in der Form als unzulässig verworfen:[130] Der Antrag sowie die Begründung seien in Form einer Depesche gekleidet dem Vorsitzenden der Strafkammer zwar fristgerecht zugegangen, jedoch reiche diese Form nicht aus, der Vorschrift des § 385 Abs. 2 StPO a.F. [131] zu genügen.

Begründet wurde diese Entscheidung wie folgt: Lediglich das Schriftstück, welches der Absender beim Telegraphenamt aufgibt, sei der eigenhändigen Unterzeichnung zugänglich. Diese Urschrift verbleibe jedoch beim Telegraphenamt, so daß auf das Ankunftstelegramm[132] als prozessuale Schrift abzustellen sei. Das Ankunftstelegramm stimme zwar inhaltlich mit der Urschrift (= Aufgabetelegramm) überein,[133] es könne jedoch nicht auch die Form der Urschrift auf telegraphischem Wege übernehmen. Dem Gericht werde also anstelle des formgerechten Originals lediglich eine formlose Ausfertigung eingereicht, was zur Fristwahrung grundsätzlich nicht genüge.[134] Es müsse daher von der Rechtsprechung geklärt werden, ob das zwingende Erfordernis der auf der Prozeßschrift eigenhändig zu vollziehenden Unterschrift und der telegraphische Verkehr sich ausschließen.

---

129 Vgl. zur elektronischen Telegraphie *Seidel*, S. 17 ff.

130 RGSt 1, 262.

131 Heutiger § 345 Abs. 2 StPO.

132 Die ältere Rechtsprechung spricht von „Aufgabe- und Ankunftsdepesche".

133 Die Urschrift verbleibt beim Aufgabepostamt. Sowohl Absender, als auch Empfänger sind berechtigt, die Urschrift einzusehen oder sich beglaubigte Abschriften oder Lichtbilder geben zu lassen (Vgl. § 28 I TO).

134 Der telegraphische Übermittlungsweg ist bereits von der Natur der Sache her mit einer eigenhändigen Vollziehung der Unterschrift des Absenders auf der Telegrammausfertigung nicht vereinbar, so auch *Vollkommer*, S. 145.

Die ablehnende Haltung des *Reichsgerichts* gegenüber der telegraphischen Übertragung unterzeichnungsbedürftiger Schriftsätze – vielbeachtet ist dabei vor allem die Revisionsbegründung – basiert auf den strengen Anforderungen an die Form:[135] Diese Strenge sei geboten, da es der Sinn der Vorschrift des § 385 Abs. 2 StPO a.F. sei, daß bei Schriften dieser Art die geforderte Garantie für deren Form und Inhalt durch die Abgabe der Unterschrift übernommen werde. Die erforderliche Unterschrift des Verteidigers oder Rechtsanwaltes, welche sich auf dem bei Gericht befindlichen Original befinde, könne wohl kaum mit einer Unterschriftenwiedergabe auf einem Telegramm verglichen werden. Es sei nicht ausreichend, dass – wie bei einem Telegramm – dieses zwar die Namenschrift des Absenders trage, es aber tatsächlich kein Original sei, sondern lediglich aus einer bei der Absendestelle befindlichen Originalunterschrift gefertigt werde. Da eine Revisionsbegründung dem Formerfordernis einer notwendigen eigenhändigen Namensunterschrift unterliegt, ging das Reichsgericht einen konsequenten Weg, indem es die Revisionsbegründung via Telegramm zunächst als unzulässig ablehnte.

Fraglich war allerdings, ob diese Begründung auch für die telegraphische Einlegung einer Revision (einfache Schriftform) herangezogen werden konnte. Das *Reichsgericht* lehnte am 5. April 1881 die telegraphisch eingelegte Revision als unzulässig ab:[136] Zwar sei in der Ausfertigung der an das Gericht gelangten Depesche eine „Schrift" zu erkennen, jedoch blieben die Herstellungszweifel aufgrund der ausgeschlossenen Originalität der darauf befindlichen Namensschrift. Die telegraphische Form biete nicht die notwendige Gewähr für die Identität der Person des Absenders.[137] Es sei immer nur eine im Auftrage des Angeklagten durch Vermittlung der Telegraphenanstalt und deren Beamte zustande gekommene und mit dem Namen des Angeklagten versehene Schrift entstanden. Daher müsse nach Gesetzeslage noch innerhalb der Empfangsfrist der Nachweis erfolgen, daß der Angeklagte die Absendung des Telegramms selbst veranlaßt und genehmigt habe.[138] Beim Fehlen einer solchen Bestätigung innerhalb der Frist sei noch nicht einmal das Schriftformerfordernis des § 381 StPO a.F.[139] und damit wohl erst recht nicht das strenge Erfordernis der Unterzeichnung i.S.v. § 385 Abs. 2 StPO a.F. erfüllt. Während die Entscheidungen zur qualifizierten Schrift-

---

135 RGSt 1, 262, 263.

136 Ausführlich RGSt 4, 59.

137 Vgl. RGSt 1, 262, 263.

138 Dazu RGSt 4, 59, die ausführen, daß infolge der durch die Herstellung des – an das Gericht gelangende – Telegramms ausgeschlossene Originalität der darauf befindlichen Namensunterschrift immer nur von einer *im Auftrage* des Angeklagten durch Vermittlung der Telegraphenanstalt und deren Beamte zustandegekommenen und mit Name des Angeklagten versehene Schrift die Rede sein könne.

139 Heutiger § 341 StPO.

form zumindest konsequent mit der bisherigen Forderung einer eigenhändigen Unterschrift einhergingen, läßt sich in dem Formalismus des Reichsgerichts in bezug auf die einfache Schriftform eine ausgesprochene Verkehrsfeindlichkeit erblicken, da die an den Nachweis von Auftrag oder Genehmigung der Telegrammaufgabe gestellten Anforderungen innerhalb der Frist praktisch nicht erfüllbar sind.[140]

II. Überwindung der Formstrenge

1. Einfache Schriftform

Mit dem Urteil vom 2. Juli 1883 hat das Reichsgericht die den vorherigen Urteilen zugrundeliegende Rechtsansicht aufgegeben.[141] Zwar blieb der Grundsatz, wonach bei Einlegung eines Rechtsbehelfs durch einen Stellvertreter zur Wahrung der Schriftform der fristgerechte Nachweis der Vertretungsmacht gehört,[142] formell zunächst unangetastet. Das Reichsgericht bediente sich jedoch der Hilfe einer *Fiktion*, um ein Vertretungsverhältnis zu verneinen:[143] Die Telegrammausfertigung sei vom Absender „selbst" durch „Werkzeuge" geschrieben und unterschrieben worden. Daher genüge eine telegraphische Einlegung des Rechtsmittels der Formvorschrift des § 381 Abs. 1 StPO a.F., welche eine Einlegung zu Protokoll des Gerichtsschreibers oder eine schriftliche Einlegung erfordere. Ausschlaggebend für die neue Sichtweise war die Anerkennung der dem Urteil der vereinigten Strafsenate vom 6. März 1883 zugrundeliegenden Rechtsauffassung.[144] In diesem Urteil wurde klargestellt, daß es sich bei der Ankunftsdepesche um eine Urkunde handelt. Damit stellte das Reichsgericht seine ursprüngliche Rechtsauffassung wieder her. Bis Anfang der sechziger Jahre des Neunzehnten Jahrhunderts wurde die Urkundsqualität in Doktrin und Praxis anerkannt.[145] Erst seit der Abhandlung *Serafinis*[146] (1862), welcher in der Ausfertigung keine Urkunde, sondern nur eine einfache Niederschrift des Telegraphenbeamten über die Telegraphenzeichen, die demselben von einer Station zu-

140 So auch *Vollkommer*, S. 150.
141 RGSt 9, 38, 39.
142 Vgl. *Schneidewin*, Fünfzig Jahre Reichsgericht, S. 3178; Vertreter des strengen Standpunktes noch 1929 *Arndt*, GS 98, 133 ff.
143 RGSt 9, 38, 39.
144 Ausführlich RGSt 8, 92 ff., mit dem Hinweis, daß nicht schon durch die Übergabe der Originaldepesche an das Telegraphenamt von einer falschen Urkunde zum Zwecke der Täuschung Gebrauch gemacht worden ist, da vielmehr als den Telegraphenbeamten doch wohl der Adressat getäuscht werden sollte.
145 Dazu RGSt 8, 92, 98.
146 Vgl. RGSt 8, 92, 98, der auf *Serafini* verweist.

gegangen sind, erkennen wollte, wurde die Frage streitig.[147] Diese Rechtsunsicherheit wurde 1883 durch den *Vereinigten Strafsenat* beendet:[148] Dieser führte aus, daß eine mit der Urschrift übereinstimmende Ankunftsdepesche als eine Urkunde anzusehen sei, welche von dem Aufgeber selbst unter Benutzung des Telegraphen, also unter Benutzung von Naturkräften und Menschen (der Telegraphenbeamten) als seine Werkzeuge, geschrieben und unterschrieben sei. Die schriftliche Form, welche vom Aufgeber der Depesche selbst (und nicht durch Repräsentanten seines Willens also nicht durch der Legitimation bedürftige beauftragte Stellvertreter im juristischen Sinne) unter Benutzung der bezeichneten Organe als seine Werkzeuge, angefertigt wurde, sei mithin auch bei einer telegraphischen Rechtsmitteleinlegung erfüllt. Erfolge also, wie dies regelmäßig der Fall sei, die Zustellung an den Adressaten in einer Niederschrift des Telegraphenbeamten, so sei die Niederschrift nach Ansicht des *Reichsgerichts* keineswegs bloß eine Mitteilung des Beamten, daß eine Depesche solchen Inhaltes auf der Aufgabenstation aufgegeben wurde. Schon nach der Verkehrsauffassung betrachte der Empfänger das Telegramm nicht als ein bloßes Zeugnis der Telegraphenbehörde über eine am Aufgabeort gemachte Mitteilung oder als eine bloße Niederschrift, sondern als die direkte, ihm gegenüber schriftlich abgegebene Willenserklärung des Absenders. Im übrigen fordere die Schriftform des § 381 Abs. 1 StPO a.F. weder eine Originalunterschrift in dem Sinne, daß die Unterzeichnung der Schrift physisch von dem Aussteller der Urkunde bewirkt sein müsse, noch eine Beglaubigung der Echtheit der Unterschrift.[149] Das Reichsgericht hat mithin seine ursprünglichen Bedenken nicht weiter aufrecht-

---

147 Informativ RGSt 8, 92, 98: Die Bedenken lassen sich nicht auf den in Deutschland tatsächlich vielfach verwendete *Hughessche Drucktelegraphen* übertragen. Bei diesem wird durch die ein Tastenwert in Bewegung setzende Tätigkeit des Beamten der Ankunftsstation ein gleichlautender Abdruck der aufgegebenen Depesche auf der Abgangs- wie Ankunftsstation übersandt. Der Abdruck der Ankunftsstation wird im Original dem Adressaten ausgehändigt und jede reproduzierende, niederschreibende Tätigkeit des Beamten der Ankunftsstation fällt weg. Der Adressat erhält also im Original das Ergebnis der Tätigkeit des Beamten der Aufgabestation.
Beim *Casellischer Pantelegraph* fällt sogar jede Tätigkeit des Beamten weg, welche über das Einlegen und Herausnehmen der präparierten Platte und Papiere und Anschalten des elektrischen Stromes hinausgeht.
Auch beim *Morseschen Schreibtelegraphen* ist zur Herstellung der Urkunde an der Ankunftsstation die Niederschrift des Beamten nicht nötig. Schon der Papierstreifen, auf welchem der Apparat die Aufgabendepesche in Zeichen reproduziert, ist die vom Aufgeber mittels des Telegraphen hergestellte Urkunde und kann als solche, wenn die Zustellung an den Adressaten in dechiffrierter Form nicht erforderlich ist, benutzt werden.

148 RGSt 8, 92, 98.

149 Vgl. RGSt 9, 38, 39.

erhalten,[150] sondern alsbald in ständiger Rechtsprechung anerkannt, daß die durch Telegramm übermittelte Erklärung als „schriftlich“ im Sinne der StPO angesehen werden könne.[151] Andere Gerichte haben sich angeschlossen.[152]

2. Qualifizierte Schriftform

a. Rechtsprechung

Das Reichsgericht erkannte erstmalig 1884 die Benutzung eines Telegramms auch bei einer Revisionsbegründung als zulässig an und gab damit auch für den Bereich der qualifizierenden Schriftform die frühere gegenteilige Rechtsprechung auf.[153] Die Vorstellung vom Ankunftstelegramm als eine formungültige Ausfertigung im Gegensatz zur Urschrift war damit überwunden und das Ankunftstelegramm selbst als die eigentliche Prozeßurschrift anerkannt.[154] In den Entscheidungsgründen ist jedoch hinsichtlich der Erfüllung erhöhter Anforderungen an eine qualifizierte Schriftform – wie sie von § 345 Abs. 2 StPO gefordert wird – bei der telegraphischen Rechtsmittelbegründung keine Stellungnahme enthalten. Das Reichsgericht hat seine Ansicht lediglich durch Bezugnahme auf eine andere Entscheidung (RGSt 9, 38) begründet.[155] Dort handelte es sich jedoch um die Einlegung und nicht um die Begründung einer Revision. Das Gesetz fordert für die qualifizierte Schriftform aber eben nicht nur die Schriftform, sondern die eigenhändige Unterzeichnung.

---

150 Die Werkzeug-Fiktion ändert freilich nichts an der Tatsache, daß eine Telegrammaufgabe im Namen des Absenders auch ohne dessen Willen vorgenommen werden kann. An die Stelle des starren Nachweiszwangs tritt aber nun die anpassungsfähige Amtsprüfung des Gerichts, welche nur vorgenommen wird, soweit konkrete Bedenken im Einzelfall vorliegen. Vgl. hierzu auch *Vollkommer*, S. 151.

151 Vgl. RGSt 9, 38; 10, 166; 38, 282.

152 So etwa OLG Halle, DRZ 48, 109.

153 RGSt 10, 166.

154 RGSt 57, 280 ff. läßt zur Einlegung der Revision eine beglaubigte Abschrift der Einlegungserklärung nicht genügen. Dabei betont der Strafsenat allerdings, daß „die in der Rechtsprechung anerkannte Zulässigkeit telegraphischer Einlegung und Begründung der Revision der hier vertretenen Auffassung nicht entgegensteht.[..] Der das Telegramm aufgebende Beschwerdeführer läßt“ – im Gegensatz zur Abschrift – „den Text und die Unterschrift der Einlegungserklärung durch den Beamten der Aufgabestelle in der Weise unterschreiben, daß am Ankunftsort die Urschrift entsteht, die dann dem Gerichte vorgelegt wird“.

155 Vgl. hierzu *Sarstedt/Hamm*[5], Rn. 140.

b. Literatur

Daher stieß der neue Standpunkt der Rechtsprechung auf Kritik:[156] So wurde angeführt, daß vornehmlich der Unterschied zwischen einfacher und qualifizierter Schriftform, auf den die Rechtsprechung sonst hohen Wert legt, durch eine derartige Gleichstellung völlig verwischt werde. Wo ein Faksimilestempel oder der maschinengeschriebene Name auf der Abschrift nicht ausreiche, könne auch der telegraphierte, maschinell oder vom Postbeamten geschriebene Name nicht genügen. Es sei in hohem Maße widersprüchlich, wenn man einerseits das Erfordernis der Unterzeichnung dahingehend auslege, daß dieser aus charakteristischen Schriftzügen bestehen müsse, andererseits jedoch das völlige Fehlen der eigenhändigen Unterschrift bei der telegraphischen Revisionsbegründung für bedeutungslos hielte.[157]

Weiterhin gaben Stimmen aus der Literatur zu bedenken, daß es sich bei der Differenzierung zwischen einfacher und qualifizierter Schriftform nicht um spitzfindige Förmlichkeiten handele:[158] Ob man eine Revision einlege oder nicht, sei eine Frage des Entschlusses. Dieser Entschluß (ja oder nein) könne bis zum letzten Augenblick der Wochenfrist aufgeschoben und dann telegraphisch mitgeteilt werden. Wie man die Revision begründet, sei dagegen eine Angelegenheit der sorgfältigen geistigen Arbeit eines Fachmannes. Das Gesetz habe die Frist dafür nicht auf einen Monat bemessen,[159] damit diese Arbeit in aller Eile kurz vor Fristende erledigt werden könne, sondern damit sie gründlich getan werde. Die Eile, mit der man im letzten Augenblick telegraphiere, vertrage sich damit sehr schlecht. Auch sei die Entscheidung, auf welche sich das Reichsgericht beruft, ausdrücklich zu § 381 StPO a.F. (jetzt § 341 StPO) ergangen. Da diese Vorschrift die eigenhändige Unterschrift – im Gegensatz zur Vorschrift des § 345 Abs. 2 StPO – gerade nicht verlange, sei die Entscheidung, in welcher das Reichsgericht die telegraphisch eingelegte Revisionsbegründung für zulässig erachtet,[160] in Wahrheit ohne Begründung ergangen.[161]

---

[156] Vgl. LR[23]-*Meyer*, § 345 Rn. 23; sowie *Sarstedt/Hamm*[5], Rn. 140 und *Vollkommer*, S. 152.

[157] Eingehend LR[23]-*Meyer*, § 345 Rn. 23.

[158] Vgl. *Sarstedt/Hamm*[5], Rn. 140, die zu bedenken geben, daß auch die für das Telegramm typische Kürze der Revisionsbegründung als eine geistige Leistung kein gutes Zeugnis ausstellt.

[159] Die Revisionsanträge und ihre Begründung sind gem. § 345 Abs. 1 StGB spätestens binnen eines Monats nach Ablauf der Frist zur Einlegung des Rechtsmittels anzubringen. War zu dieser Zeit das Urteil noch nicht zugestellt, so beginnt die Frist mit der Zustellung.

[160] RGSt 10, 166.

[161] Dazu auch *Sarstedt/Hamm*, Rn. 140; sowie *Vollkommer*, S. 152.

Ferner werde durch die Unterschriftsherstellung mittels „Werkzeug-Fiktion" gerade die Eigenhändigkeit nicht gewahrt:[162] Zwar sei eine Rechtsfortbildung im Interesse des Verkehrsbedürfnisses grundsätzlich zu befürworten. Die nur wenige Seiten umfassende Entscheidung des Reichsgerichts vermeide jedoch jeden Anschein einer offenen, auf den telegraphischen Verkehr beschränkten Rechtsfortbildung im Interesse des Verkehrsbedürfnisses. Daher könne die Entscheidung[163] vom Standpunkt der bisherigen Rechtsprechung des Reichsgerichts aus nur als eine kaum verhüllte contra legem-Entscheidung angesehen werden, die unter dem Schein einer bloßen Angleichung der prozessualen Schriftform an die durch die Plenarentscheidung ausgelöste Rechtslage einen als verkehrsfeindlich anerkannten Formalismus möglichst unauffällig aus der Welt schafft.[164]

Die Rechtsprechung hatte diesen Vorwürfen nichts entgegenzusetzen und bezeichnete schließlich die Einreichung einer Revisionsbegründung per Telegramm als Ausnahme zum Erfordernis der Eigenhändigkeit:[165] Zu dieser Ausnahme sei es gekommen, weil die Gerichte dem Bürger bzw. ihren Rechtsanwälten die Vorzüge der Medien nicht vorenthalten wollen. Daher lasse die Rechtsprechung nun auch für die telegraphische Revisionsbegründung, in Übereinstimmung mit der herrschenden Lehre[166] und der Rechtspraxis in allen anderen Rechtsgebieten[167], eine Ausnahme von der eigenhändigen Unterschrift zu. Ein Telegramm stehe zwischen Schriftlichkeit und Erklärung zu Protokoll der Geschäftsstelle.[168] Die Gewährung dieser Ausnahme ist mittlerweile zu Gewohnheitsrecht erstarkt.[169]

---

162 Eingehend *Vollkommer*, S. 152.

163 RGSt 10, 166.

164 Vgl. *Vollkommer*, S. 152.

165 Vgl. etwa BGHSt 8, 174; BGH, NJW 1955, 1846; Vgl. auch RGSt 66, 209, 212; LR-*Hanack*, § 345 Rn. 23.

166 Vgl. *Dahs*, NJW 1952, 276, 277, *Dahs/Dahs*, Rn. 63; *Herlan*, JR 1954, 354, 355; KK-*Kukein*, § 341 Rn. 12; *Kleinknecht/Meyer-Goßner*, Einl. Rn. 139, *Niethammer*, DJZ 1952, 117; krit. LR-*Hanack*, § 345 Rn. 23; *Pfeiffer*, § 345 Rn. 3; *Sarstedt/Hamm*, Rn. 140.

167 Vgl. BGHSt 8, 174; vgl. im Zivilprozeßrecht statt vieler: RGZ 139, 45; 151, 82, 86; BGHZ 24, 297, 299; 75, 340, 349; BGH, NJW 1962, 1505, 1507; vgl. auch im arbeitsrechtlichen Bereich: BAGE 3, 55; 22, 156, 158; BAG, NJW 1976, 1285; 1979, 233, 234; sowie für das verwaltungsgerichtliche Verfahren: BVerwGE 1, 103; 2, 100, 192; 3, 56; BVerwG, NJW 1962, 555; 1964, 831, 832; 1978, 2110; für das sozialgerichtliche Verfahren: BSGE 1, 243, 245; 5, 3, 4; 7, 16, 17; für das finanzgerichtliche Verfahren: BFH, BStBl. 1954 III, 27; BB 1973, 1517; (ausdrücklich: § 357 Abs. 1, S. 3 AO) auch für die Verfassungsbeschwerde: BVerfGE 4, 7, 12; BayVerfGHE 17, 104.

168 Näher RGZ 139, 45; *Dahs*, NJW 1952, 276, 277.

169 Vgl. etwa BGHSt 31, 8 = NStZ 1983, 36 m. Anm. *Schmid.*

III. Stellungnahme

Die Technikbegeisterung ist nachvollziehbar und das Vorhaben verdienstlich, den Fortschritt auch dem Rechtssuchenden zum Vorteil gereichen zu lassen, um damit eine vollständige Ausnutzung der Fristen zu ermöglichen. Die Strafprozeßordnung fordert jedoch für die qualifizierte Schriftform eine Unterzeichnung. Bedauerlicherweise konnte kein plausibles Argument vorgebracht werden, warum eine derartige Ausnahme von der eigenhändigen Unterzeichnung zulässig wäre. Da also eine Unterzeichnung explizit gefordert wird, ist die Einreichung von Schriftsätzen, für welche das Gesetz eine qualifizierte Schriftform vorsieht, per Telegramm de lege lata nur schwerlich vertretbar. Auch ist zu berücksichtigen, daß derartige (contra-legem)[170] Ausnahmen auch für spätere technische Versendungsmöglichkeiten eine fehlleitende Argumentationsgrundlage bieten.

Die Rechtsprechung zum Telegramm besteht jedoch bereits seit mehr als einem Jahrhundert. Seit 1884 ist die Gewährung der Ausnahmeregelung, nach welcher auch Schriftstücke, welche der qualifizierten Schriftform bedürfen, per Telegramm bei Gericht eingereicht werden können, gewohnheitsrechtlich[171] anerkannt. Die vorgenommene Rechtsfortbildung kann mithin aufgrund des Gebots der Klarheit und Einfachheit der Formvorschriften nicht durch eine künftige Formverschärfung rückgängig gemacht werden.

B. Fernmündliche Aufgabe des Telegramms an das Telegraphenamt

Die Entwicklung des Telegraphenverkehrs vereinfachte die Telegrammaufgabe zunehmend. So fand eine Prüfung der Identität des Aufgebers nicht mehr statt. Auch wurde die Stellvertretung ohne Nachweis der Legitimation zugelassen. Selbst die Schriftform für das Aufgabetelegramm war nicht mehr geboten. Vielmehr ermöglichte die Telegraphenordnung bald auch die fernmündliche Aufgabe.[172] Als ordnungsgemäße Zustellung galt daher auch die Übermittlung durch Fernsprecher. Dabei war ausdrücklich vorgesehen, daß die Zustellung mit Hilfe eines Fernsprechers nur im Einverständnis geschehen sollte.

---

170 So auch *Vollkommer*, S. 152.

171 Zu den Grundsätzen des Gewohnheitsrechts Larenz/*Canaris*, S. 258.

172 Vgl. *Woldering*, MDR 1955, 151: Die Zustellung des Telegramms erfolge gem. § 26 Abs. 1, S. 1 TelegrafO vom 30.6.1926 i.d.F. vom 22.12.1938 nach der Ankunft bei dem Bestimmungsamt durch Boten in der Reihenfolge der Aufnahme und des Ranges.

Während die Telegraphenordnung von 1904[173] noch vorsah, daß sich der Absender auf Verlangen der Aufgabeanstalt über seine Persönlichkeit auswies[174] und Telegramme mittels Fernsprecher „nach den darüber erlassenen besonderen Bestimmungen“[175] aufgegeben werden durften, lockerte die Telegraphenordnung von 1926 die Vorschriften. In der Fassung von 1938 führte die Telegraphenordnung neben der Telegrammaufgabe am Schalter die Aufgabe der Telegramme über Fernsprechanschluß oder über Telexanschluß bei der dafür vorgesehenen Dienststelle gleichgeordnet ein.[176]

Obgleich also die Weichen für die fernmündliche Aufgabe eines Telegramms vom Gesetzgeber gestellt wurden, bildeten sich in Rechtsprechung und Literatur zwei Fronten. Während die einen die Selbstherstellungsfiktion[177] mit einer „Einheits- und Ersetzungskonstruktion“[178] ergänzten, plädierten andere[179] für die Preisgabe des Eigenhändigkeitserfordernisses.

I. Einheitsmodell

Diese konstruierte Einheit von Aufgabe- und Ankunftstelegramm ermöglichte es, Formmerkmale, die auf der Ankunftsschrift fehlten, aus der Urschrift zu „ergänzen“:[180] Die Form sei durch das Telegramm lediglich dann gewahrt, wenn der Formmangel des Ankunftstelegramms durch eine formgerechte Urschrift „ersetzt“ werde.[181] Diese Ansicht fußt auf der wörtlichen Auslegung der reichsgerichtlichen Fiktionsformel, wonach das „im Text und in der Urschrift mit dem Aufgabetelegramm übereinstimmende Ankunftstelegramm“[182] als vom Aussteller selbst geschrieben galt. Um eine Aufgabe des Eigenhändigkeitsgrundsatzes

---

173 Telegraphenordnung für das Deutsche Reich vom 16.6.1904, zitiert nach *von Brauchitsch*. Die Telegraphenordnung vom 30.06.1926 ist wiedergegeben bei *Fischer/Staedler*, S. 117 ff.

174 § 3 Abs. 2 TelegrafO.

175 § 4 Abs. 4 TelegrafO.

176 § 5 Abs. 1, Nr. 2 TelegrafO, Telegraphenordnung vom 30.6.1926 in der Fassung vom 22.12.1938, Vgl. auch die Fassung vom 19.10.1970 (BGBl. 1970 I, S. 1422). Die Telegraphenordnung vom 30.06.1926 ist wiedergegeben bei *Fischer/Staedler*, S. 117 ff.

177 Der Telegrammaufgeber verfaßt das Telegramm selbst, indem er den Telegraphenbeamten als Werkzeug nutzt.

178 Aufgabe- und Ankunftstelegramm bilden danach eine „konstruktive“ Einheit, so KG, JW 1930, 1102 (Nr. 47); BayObLGSt 20, 350.

179 Vgl. etwa *Breit*, JW 1920, 859.

180 RGZ 31, 375 ff.; 46, 375 ff.

181 Wie das Gericht sich im Einzelfall die Überzeugung davon verschafft, daß eine gehörige Unterzeichnung der Urschrift vorliegt, steht in seinem freien Ermessen, § 12 FGG. Es kann dies z.B. durch Einforderung der Urschrift des Telegramms von der Postverwaltung.

182 RGSt 8, 92, 97.

zu vermeiden und aufgrund der Tatsache, daß schon aus der Natur der Sache keine eigenhändige Unterschrift für die dem Gericht zugehende Telegrammausfertigung verlangt werden könne, sei diese für die bei der Absenderstelle aufgegebene Urschrift zu fordern.[183] Die Zulässigkeit einer fernmündlichen Rechtsmitteleinlegung wurde indes mit der Begründung abgelehnt, daß in der fernmündlichen Durchsage die qualifizierte Schriftform nicht eingehalten werden könne.[184]

Interessant wäre in diesem Zusammenhang der Standpunkt der Strafsenate des Reichsgerichts gewesen. Das Reichsgericht sprach zwar die telegraphische Einlegung der strafprozessualen Revision und deren Begründung in ihrem Beschluß vom 12.4.1923 an;[185] dort griff es allerdings für die qualifizierte Schriftform lediglich die Werkzeug-Fiktion aus vorherigen Urteilen[186] auf und schloss sich dieser Handhabung noch einmal ausdrücklich an. Damit wurde jedoch nur bestätigt, daß die telegraphische Revisionsbegründung zulässig war. Eine Stellungnahme über die Art der Aufgabe beim Telegraphenamt wurde hingegen nicht abgegeben. Zwar wies das Reichsgericht vorsichtig darauf hin, daß dem § 381 StPO a.F. auch dann genüge getan sei, wenn „ausnahmsweise die Depesche auf der Abgangstation bloß mündlich aufgegeben wäre“[187], jedoch bezog sich § 381 StPO a.F. lediglich auf die einfache Schriftform. Auf eine Auseinandersetzung mit der fernmündlichen Telegrammaufgabe einer qualifizierten Schriftform verzichtete das Reichsgericht hingegen. Auch in der Zukunft fand das Reichsgericht bedauerlicherweise keine Gelegenheit mehr, sich eingehend mit dem „aus der antiformalistisch gemeinten Selbstherstellungsfiktion entstandenen neuen Formalismus“ [188] auseinanderzusetzen.[189]

---

[183] Auch das BayOblG wies darauf hin, dass das Revisionsbegründungstelegramm mit der Unterschrift des Verteidigers bei der Post aufgegeben werden müsse, vgl. BayObLGSt 20, 350; sowie *Vollkommer*, S. 158.

[184] Dazu BayOblGSt 20, 350.

[185] Vgl. RGSt 57, 280, 282.

[186] Vgl. RGSt 9, 38; 10, 166.

[187] RGSt 57, 280, 282.

[188] Vgl. *Vollkommer*, S. 163.

[189] Dagegen mußten sich die Zivilsenate des Reichsgerichts mit der Form des Aufgabetelegramms befassen und erklärten die telefonische Aufgabe eines Telegramms für schriftformbedürftige Schriftstücke für ausgeschlossen, Vgl. RG, JW 1921, 527 Nr. 8 m. zust. Anm. *Butzengeiger*.

II. Freier Standpunkt

1. Literatur

Vertreter des freien Standpunktes befürworten die Zulässigkeit der telegraphischen Übermittlung ohne jede Einschränkung:[190] Soweit der telegraphische Verkehr im Prozeß überhaupt zugelassen sei[191] müsse derjenige, der sich dieser Erklärungsform bediene, sie in dem Ausmaß nutzen können, in dem es die Telegraphenordnung gestatte.[192] Es käme also nicht darauf an, ob das Telegramm fernmündlich oder schriftlich aufgegeben werde oder ob die Urschrift eigenhändig unterzeichnet sei oder nicht.[193] *Breit*[194] begründet den freien Standpunkt mit einer „Weiterentwicklung" der Argumentation des Reichsgerichts zur grundsätzlichen Zulässigkeit der telegraphischen Revisionseinlegung und –begründung: Wenn es genüge, daß die Urkunde „unter Benutzung der Naturkräfte und der Menschen als Werkzeuge"[195] unterzeichnet werde, dann müsse es ja wohl auch genügen, wenn der Anwalt die unterzeichnete Urschrift in seinem Büro behalte und das Telegramm durch Fernsprecher aufgebe.[196] Der Fernsprecher sei dabei nichts weiter als ein zusätzliches Werkzeug, wobei ja gerade die Nutzung von „Werkzeugen" in der Rechtsprechung anerkannt sei. Auch die „geistreiche Umschreibung und die Nutzung einer derart zweifelhaften Fiktion"[197] könne die Tatsache nicht aus der Welt schaffen, daß die Unterschrift unter dem Telegramm keine eigenhändige Unterschrift des Absenders sei, sondern von einem Dritten hergestellt werde.

2. Rechtsprechung

Eine „Vorreiterposition" übernahm die Rechtsprechung im Zivilrecht, indem sie die fernmündliche Telegraphenaufgabe für den prozessualen Rechtsverkehr zu-

---

190 So etwa *Breit*, JW 1920, 859.

191 Zur Rechtsfortbildung im Zivilrecht vgl. RGZ 139, 45, 47 f.: Die gewohnheitsrechtliche Fortbildung in Hinblick auf die telegraphische Rechtsmitteleinlegung bestehe im Kern darin, daß das die Rechtsmittelschrift darstellende, nicht eigenhändig unterzeichnete Ankunftstelegramm des Prozeßbevollmächtigten einer mit dessen eigenhändiger Unterschrift versehenen Rechtsmittelschrift *gleichstehe* und daher den Formerfordernissen genügt.

192 Allgemein für Prozeshandlungen aller Rechtsgebiete: *Vollkommer*, S. 165; Vgl. auch *Stein*, S. 116 f.

193 Vgl. *Oetker*, JW 1930, 1102, 1103.

194 In JW 1920, 859; siehe auch zur „verzweifelten Fiktion des Reichsgerichts": *Stein*, S. 116 f.

195 Vgl. nur RGSt 8, 92.

196 Vgl. *Breit*, JW 1921, 700, 703.

197 *Breit*, JW 1920, 859, 870.

ließ.[198] Trotz alledem war lange streitig, ob diese Formerleichterung auch im Strafprozeß Anwendung finden sollte.[199]

In einem Beschluß stellte der *BGH* dann aber am 11.10.1955 klar, daß die maßgebliche Urkunde nicht das Aufgabetelegramm, sondern alleine das bei Gericht eingehende Ankunftstelegramm sei:[200] Die Wirksamkeit der Revisionsrechtfertigung hänge daher auch nicht davon ab, ob der Verteidiger das Aufgabetelegramm durch Ausfüllung eines Telegrammformulars oder durch fernmündliche Durchsage an das Fernmeldeamt aufgebe.[201] Zu diesem Ergebnis gelangte der *4. Zivilsenat des Reichsgerichts* bereits am 28. November 1932 und begründete die Entscheidung mit dem Erfordernis der Anpassung an den technischen Fortschritt.[202]

Erstaunlicherweise schloß sich der *6. Strafsenat des BGH* in der Begründung nicht den Entwicklungen auf dem Gebiet des Zivilprozeßrechts an:[203] Die Anerkennung der qualifizierten Schriftform in Gestalt des fernmündlich aufgegebenen Telegramms sei keineswegs als Ausnahme von dem grundsätzlichen Erfordernis der Unterzeichnung anzusehen. Auf eine derartige Ausnahmeregelung müsse nicht zurückgegriffen werden, da kein Eigenhändigkeitserfordernis bestehe. Zwar fordere § 345 Abs. 2 StPO eine vom Verteidiger oder einem Rechtsanwalt unterzeichnete Schrift; damit sei jedoch nicht vorgeschrieben, daß „die Unterschrift von dem Verteidiger oder dem Rechtsanwalt eigenhändig vollzogen werden muß, wie dies gem. § 2247 BGB für die Errichtung eines privatrechtlichen Testaments notwendige Voraussetzung ist“[204].Vielmehr könne sich der Verteidiger einer anderen Person bedienen, um sich bei der Unterzeichnung mit seinem Namen vertreten zu lassen. Der *BGH* stützt seine Entscheidung auf die Behauptung, daß diese Stellvertretung seit langem in der Rechtsprechung auch für das Strafprozeßrecht anerkannt sei und verwies auf die Reichsgerichtsentscheidung[205] von 1932.

Damit bezieht sich der *BGH* zur Begründung der telefonischen Telegrammaufgabe bei qualifizierten Schriftformen auf eine Entscheidung des Reichsgerichts,

---

198 Vgl. RAG, JW 1929, 1603; RGZ 139, 45 = JW 1933, 515.

199 Bejahend: KMR[6]-*Müller/*Sax, § 314 3b; *Schmidt*, Lehrkommentar II, § 314 Rn. 10.

200 BGHSt 8, 174.

201 Vgl. BGH, NJW 1955, 1846; so auch *Jonas*, JW 1929, 1603, der deutlich macht, daß, wenn die Telegrammausfertigung als Urschrift anerkannt wird, auch mit der Einreichung der telegraphischen Schrift den Formerfordernissen des Gesetzes genüge getan sei. Es sei nicht ersichtlich, wie daneben noch für eine weitere „Urschrift“ Raum sein sollte.

202 RGZ 139, 45; 151, 82.

203 So BGHSt 8, 174 = BGH, NJW 1955, 1846.

204 BGHSt 8, 174, 176.

205 RGSt 66, 209 ff.

die weder einen Fall der qualifizierten Schriftform noch die Vertretung eines Rechtsanwalts beinhaltet. Vielmehr wurde dort die Frage behandelt, ob die Unterzeichnerin zur Zeit der Einreichung Vertretungsmacht für den Angeklagten gehabt hat. Zwar wurde auch angesprochen, daß der Bevollmächtigte mit dem Namen des Vollmachtsgebers zeichnen konnte und dies auch für den Strafprozeß in ständiger Rechtsprechung[206] anerkannt war, jedoch fand die in Stellvertretung geleistete Unterzeichnung für einen Rechtsanwalt oder Verteidiger bei einer qualifizierten Schriftform keine Erwähnung. Daher ist der Verweis auf die Reichsgerichtsentscheidung[207] an dieser Stelle verfehlt. Ferner ist auch entgegen der Meinung des *6. Strafsenats des BGH*[208] in der Rechtsprechung für den Strafprozeß keineswegs anerkannt, daß sich der Verteidiger einer anderen Person bedienen kann.[209] So liegt es jedenfalls bei der qualifizierten Schriftform. Zwar trifft die Möglichkeit einer Stellvertretung sicherlich für die Fälle zu, in denen für strafprozessuale Erklärungen lediglich eine *einfache* Schriftform vorgeschrieben ist.[210] Nur bedarf es hierfür gerade keiner Unterschrift.[211] Der *BGH* hat damit einen Weg eingeschlagen, der im Widerspruch zu den Anforderungen der ständigen Rechtsprechung wie auch der herrschenden Lehre steht. Zu erwarten wäre bei einem derartigen Richtungswechsel (der Verneinung des Eigenhändigkeitserfordernisses bei der qualifizierten Schriftform) eine ausführliche Begründung. Auf diese hat der *BGH* allerdings verzichtet und seine Auffassung als übereinstimmend mit Rechtsprechung und Literatur dargestellt, indem er die allgemeine Vertretungsmöglichkeit bei der Unterschrift im Strafprozeß auf die Unterzeichnung des Verteidigers oder Rechtsanwalts bei der Revisionsbegründung anwandte.

Obwohl die Entscheidung durch den Widerspruch zu den sonst so hohen Anforderungen an die Unterzeichnung (die Rechtsprechung legte bislang besonderen Wert auf die *eigenhändige* Unterschrift[212] und leugnet dieses Erfordernis nun gänzlich[213]) im Schrifttum zum Teil auf Ablehnung gestoßen ist,[214] haben so-

---

206 Vgl. RGSt 6, 69; 45, 327.
207 RGSt 66, 209, 212.
208 BGHSt 8, 174, 177.
209 Vgl. dazu Gliederungspunkt 1. Kapitel, 3. Abschnitt, A., I., 1.
210 Vgl. *Vollkommer*, S. 181.
211 Ein förmliches Abgabetelegramm wird daher für die einfache Schriftform nicht mehr verlangt, vgl. statt vieler BGHSt 10, 14, 233, 235 f.; sowie *Schmidt*, Nachtragsband I, § 314 Rn. 10, der auf die Telegraphenordnung vom 30.06.1926 hinweist; vgl. auch KMR[6]-*Müller*/Sax, § 314 Anm. 3 b; LR[21]-*Jagusch*, § 314 Anm. 2b.
212 Vgl. hierzu Gliederungspunkt 1. Kapitel, 3. Abschnitt, A., I., 1.
213 BGHSt 8, 174 ff. = NJW 1955, 1846.
214 Vgl. statt vieler *Sarstedt*[4], S. 97.

wohl Rechtsprechung[215] und auch Literatur[216] alsdann die Fristwahrung bei der Einreichung einer Revisionsbegründung per Telegramm anerkannt, auch wenn dieses fernmündlich zugesprochen wurde.[217]

3. Stellungnahme

Die telefonische Telegrammaufgabe übersteigt die Grenze der Rechtsfortbildung, da ein telefonischer Auftrag zur Unterschrift vom Wortsinn der Formvorschrift nicht umfaßt ist. Trotz Befürwortung anwenderfreundlicher Übermittlungsmethoden – wie dem Telegramm – sind diese bereits oftmals nicht mit der qualifizierten Schriftform des Strafprozeßrechts vereinbar. Erst recht kann eine telefonische Telegrammaufgabe daher nicht de lege lata anerkannt werden. Die Begründung des Strafsenats ist dabei noch weniger nachvollziehbar als die fortschrittliche Ansicht der Zivilsenate, welche zumindest den Ausnahmecharakter dieses Mediums hervorheben. Eine Auslegung der Unterzeichnung jedoch dahingehend zu betreiben, daß diese nicht eigenhändig, sondern vielmehr auch durch einen Vertreter vorgenommen werden kann, erscheint abwegig. Daher sollte diese Rechtsprechung zumindest nicht für die Frage der Zulässigkeit neuer Übermittlungsmöglichkeiten als Vorbild herangezogen werden. Eine Rücknahme dieser Rechtsprechung ist jedoch auch hier aus Gründen der Rechtssicherheit und dem Gebot der Klarheit von Formvorschriften nicht sinnvoll. Daher muß die zum Gewohnheitsrecht erstarkte Rechtsanwendung auch in Zukunft Gültigkeit behalten.

C. Fernmündliche Übermittlung des Telegramms

Bei zunehmender Entwicklung des Telegraphenverkehrs stellte sich alsbald die Frage der Wahrung der Rechtsmittelfrist, wenn bei telegraphischer Revisionseinlegung der Inhalt des Telegramms innerhalb der Frist durch die Postanstalt fernmündlich dem zuständigen Gericht zugesprochen wurde.

---

215 Vgl. etwa LG Verden-Aller, NJW 1949, 798; a.A. noch: LG Tübingen, NJW 1947/48, 535 (zu § 314 StPO); LG München, JW 1933, 565; OLG Königsberg, JW 1933, 2715.

216 Vgl. LR[21]-*Jagusch*, § 345 Anm. 3c; KMR[6]-Müller/Sax, § 345 Anm. 8; *Niethammer*, JZ 1956, 33; *Schmidt*, Nachtragsband I, § 345 Rn. 19; *Schwarz*[13], § 306.

217 Zu künftigen Formverschärfungen siehe: *Vollkommer*, S. 183, der eine Verschärfung als völlig unvereinbar mit dem Gebot der Klarheit und Einfachheit der Formvorschriften ansieht: Auch wenn diese Grundsatzentscheidung des BGH nicht begründet worden ist, so sei der Rechtssatz des BGH jetzt doch als antiformalistische Rechtsfortbildung durch Gewohnheitsrecht gedeckt.

I. Entwicklung des Telegraphenverkehrs und der Telegraphenordnung

Zum ersten Mal enthielt die Telegraphenordnung 1926[218] eine Bestimmung, welche die Zustellung der Telegramme an den Bestimmungsort regelte: In § 20 TelegrafO wurde normiert, daß „als Zustellung auch die Übermittlung durch Fernsprecher oder Nebentelegraphen“ gilt. Bereits 1938[219] wurde diese Regelung in § 26 I S. 3 TelegrafO näher erläutert: Die Zustellung geschieht demnach über Fernsprechanschluß nur „im Einverständnis mit dem Empfänger“ oder einem „zur Empfangnahme Berechtigten“. 1970 wurde sodann in einem dritten Absatz des § 26 TelegrafO geregelt, daß die Ausfertigung der über Fernsprechanschluß zugestellten Telegramme im Folgenden dem Empfänger mit der Post als gewöhnlicher Brief übersandt wird. Dies sollte gewährleisten, daß der Empfänger zwar unmittelbar nach der Aufgabe des Telegramms Kenntnis davon erlangen soll, aber auf die verkörperte Telegrammausfertigung nicht verzichten muß.

II. Ablösung des formstrengen durch den freien Standpunkt

Da nun die Zustellung von Telegrammen durch fernmündliche Durchsage zumindest nach der Telegraphenordnung möglich war, spalteten sich Rechtsprechung und Literatur wiederum in zwei Lager. Die einen[220] forderten, unter Berufung auf den klaren Wortlaut der gesetzlichen Vorschrift für die schriftliche Rechtsmitteleinlegung, ein bei Gericht innerhalb der Frist vorliegendes Ankunftstelegramm. Hingegen beriefen sich die Vertreter der freieren Auffassung auf den technischen Fortschritt und das Verkehrsbedürfnis. Sie ließen daher die Zustellung des Rechtsmitteltelegramms durch fernmündliche Durchsage grundsätzlich zur Fristwahrung genügen.

1. Verteidigung des formstrengen Standpunktes

Der formstrenge Standpunkt wurde zunächst bis 1942 allein von der Rechtsprechung vertreten.[221] Eine der ersten veröffentlichten Entscheidungen, welche sich mit der Fristwahrung durch ein fernmündlich zugestelltes Rechtsmitteltele-

---

[218] TelegrafO vom 30.6.1926, Amtsblatt des Reichspostministeriums 1926, S. 447 und 479; vgl. zur Zustellung auch *Hellmuth*, S. 159 ff.

[219] TelegrafO vom 30.6.1926 in der Fassung vom 22.12.1938, Amtsblatt des Reichspostministeriums 1938, S. 849, § 26 Abs. 1, S. 3.

[220] Vgl. etwa BayObLG, JR 1954, 353; OLG Braunschweig, DStR 1938, 193.

[221] Eingehend dazu *Vollkommer*, S. 192, welcher auch darauf hinweist, daß in der Entscheidung des OLG Stuttgart vom 21.10.1942 (DR 1942, 1649) erstmals der freie Standpunkt richterliche Anerkennung gefunden hat.

gramm befaßt, ist ein Urteil des Reichsfinanzhofes aus dem Jahre 1926.[222] Dieses basiert auf der Annahme, daß keine fristgerechte Einlegung des Rechtsmittels erfolgt sei, weil die Abgabenordnung die *mündliche* Einlegung von Rechtsbehelfen nicht kenne, sondern vielmehr das Zugehen einer Urkunde innerhalb der Rechtsmittelfrist verlange. Ebenso hielt auch das *BayObLG*[223] am formstrengeren Standpunkt fest: Die Rechtsmittelfrist sei nicht als gewahrt anzusehen, wenn zwar der Inhalt der telegraphischen Revisionseinlegung innerhalb der Frist durch die Postanstalt fernmündlich zugesprochen wurde, die Telegrammurkunde aber erst nach Ablauf der Frist einging. Die fortgeschrittene Entwicklung des Nachrichtenwesens und die Bedürfnisse des Verkehrs seien zwar zu beachten.[224] Sie dürfen aber nicht zur Aufgabe des Schriftformerfordernisses führen. [225] Die größten Risiken seien dabei in Hörfehlern zu sehen, sowie in der fehlenden Gewähr, daß die Mitteilung den für die Entgegennahme der Rechtsmittelschrift zuständigen Beamten erreiche.[226] Auch seien mögliche Rückschlüsse zu beachten:[227] Räume man im Falle telegraphischer Rechtsmitteleinlegung ein, daß die Schriftform der Einlegung durch die gerichtliche Niederschrift über den Inhalt eines fernmündlichen Gespräches gewahrt werde, so sei nicht erkennbar, warum das gleiche nicht auch in anderen Fällen der Rechtsmitteleinlegung gelten solle.[228]

Auch das *Reichsgericht* führte aus, „daß Erklärungen, die unter Benutzung des Fernsprechers abgegeben werden – im Gegensatz zu Telegrammen – nicht dem schriftlichen sondern dem mündlichen Verkehr von Personen gleichzustellen sind“[229]. Folgerichtig müsse sonst jeder „schriftlich“ ein Rechtsmittel einlegen können, indem er dem Gericht dieses fernmündlich zuspreche und der Urkundsbeamte hierüber eine Niederschrift aufnehme.[230] Dies würde das Schriftformerfordernis unzulässig lockern.[231]

---

222 In Steuer und Wirtschaft 1926, Nr. 459, S. 1471 (2. Juli 1926).

223 In JR 1954, 353.

224 Vgl. dazu BGH, Rpfleger 1953, 29.

225 Ausführlich BayOblG, JZ 1952, 117.

226 So etwa OLG Königsberg, JW 1933, 2714 Nr. 14.

227 BayObLG, JZ 1952, 117.

228 Vgl. dazu auch die Anm. von *Niethammer*, JZ 1952, 117, 118, in der er hervorhebt, wie verdienstvoll der (den strengen Standpunkt vertretene) Strafsenat des BayObLG – angesichts der drohenden Gefahr – nachdrücklich an die Notwendigkeit eines formgetreuen Verfahrens erinnert; vgl. auch OLG Bremen, DRZ 1949, 197; OLG Hamm, Rpfleger 1953, 249 m. Anm. *Rötelmann*.

229 RGSt 38, 282, 284.

230 Erwähnung findet immer wieder das „Triebsandargument“, so auch der *3. Strafsenat* des BayObLG, JR 1954, 353.

231 So *Niethammer*, JZ 1952, 117, 118.

2. Freier Standpunkt

Gegen diesen Vergleich wurden jedoch Bedenken erhoben.[232] So gehe es nicht um die fernmündliche Einlegung eines Rechtsmittels, sondern um den fristgerechten Zugang eines per Telegramm – also schriftlich – eingelegten Rechtsmittels durch fernmündlichen Zuspruch seitens der Post. Vertreter des freien Standpunkts stützen ihre Sichtweise daher auf das Wesen des Telegrammverkehrs:[233] Die zunehmende Verwendung des Fernsprechers als Mittel der Telegraphie ändere nichts an der Tatsache, daß es sich bei der Telegraphie stets um Schriftverkehr handele. Gerade auch die den mündlichen Verkehr zeichnende Formlosigkeit sei bei der fernmündlichen Aufgabe des Telegramms nicht zu befürchten, da die Telegrammannahmestelle den Telegramminhalt gem. § 5 I Nr. 2 TO schriftlich aufnimmt. Dadurch entstehe eine amtliche Urkunde über die Aufgabe eines Telegramms ganz bestimmten Inhalts.[234] Auch der „Zuspruchsvermerk"[235] sei ebenso wie die weiteren amtlichen Vermerke auf dem Ankunftstelegramm über Aufgabe- und Empfangszeitpunkt[236] eine öffentliche Urkunde i.S. des § 418 ZPO.[237]

Um einen differenzierten Ausgangspunkt bemühen sich Teile des Schrifttums, kommen aber letztlich zu selbigem Ergebnis:[238] So solle die Aufzeichnung, welche der zuständige Beamte über das zugesprochene Telegramm schriftlich niederlege, an die Stelle des Schrifttelegramms bis zu dessen Eingang treten und der vom Prozeßbevollmächtigten eigenhändig unterzeichneten Rechtsmittelschrift gleichstehen. Zur Fristwahrung genüge daher die vom Gericht dienstlich aufgenommene Telegrammdurchsage, welche sodann durch das folgende Telegramm bestätigt werde.[239]

---

232 Eingehend *Herlan*, JR 1954, 354; LR[21]-*Jagusch*, § 314 Anm. 2b.

233 Für die Annahme rechtzeitigen Eingangs durch die telefonische Zusprache haben sich ausgesprochen: OLG Stuttgart, DR 1942, 1649; LG Verden-Aller, NJW 1949, 798 ff.; OLG Köln, NJW 1952, 440; OLG Neustadt, NJW 1952, 271; weitere Literaturnachweise bei *Herlan*, JR 1954, 354, 355.

234 Vgl. BVerwGE 17, 166, 167; Der BFH gibt an, daß diese Niederschrift des Telegraphenbeamten die Urschrift des Telegramms sei: BFH, NJW 1965, 174, 176.

235 Gem. der Ausführungsbestimmungen zu § 26 Abs. 1 Ziff. 13 TelegrafO ist bei der Einwilligung des Empfängers das Telegramm „mit einem Vermerk über das Zusprechen zu versehen".

236 § 6 Abs. 2, S. 1 TelegrafO.

237 Vgl. Stein/Jonas[19]-*Leipold/Schumann*, § 418 I; Zöller-*Stephan*, § 418 Anm. 2.

238 Vgl. *Dahs*, NJW 1952, 276, 277; *von Scanzoni*, JW 1933, 565 Nr. 10; *Schwarz*[13], Anm. 2 vor § 296; siehe auch für den Zivilprozeß *Rosenberg*[4], § 61 II 1 b β.

239 OLG Köln, NJW 1952, 440.

In einem Beschluß vom 29.04.1960 hat sich der *erste Strafsenat des BGH* mit diesem Thema auseinandergesetzt und den jahrelangen Streit entschieden:[240] Nach einer ausführlichen Abwägung schloss sich der Strafsenat dem freieren Standpunkt an und wies auf die „Beschleunigung und Vereinfachung" durch die technische Entwicklung der Nachrichtenübermittlung hin. Die nach fernmündlicher Durchsage gefertigte Notiz sei ein als der Fristwahrung dienender tauglicher und zulässiger Ersatz für die schriftliche Erklärung, sofern eine solche nur nachfolge.

Diese von Rechtsprechung und Literatur für die Beschleunigung und Vereinfachung der Nachrichtenübermittlung anerkannte Lockerung des Formerfordernisses in Form der fernmündlichen Übermittlung des Telegramms gelte jedoch nicht für die qualifizierte Schriftform, da diese die Unterzeichnung durch einen Rechtsanwalt voraussetze.[241]

3. Resümee

Die damals heftig umstrittene Frage, ob ein Telegramm, welches dem Gericht von der Telegraphenbehörde fernmündlich zugesprochen wird, der einfachen Schriftform genügt, wird heute nicht mehr diskutiert. Die Rechtsprechung hat sich dem formfreien Standpunkt angeschlossen und die Schriftform bei fernmündlicher Übermittlung des Telegramms als zulässig anerkannt. Das durch die ständige Rechtsprechung entstandene Gewohnheitsrecht gilt bis heute fort, auch wenn Telegramme durch den Fortschritt der Technik im Gerichtsverkehr nur noch in Einzelfällen genutzt werden.

III. Fernschreiben (Telex)

Bei der Übermittlung per Fernschreiben hat die Rechtsprechung eine weitere Ausnahme von der eigenhändigen Unterzeichnung zugelassen.[242] Dies hat seine Grundlage in der Vergleichbarkeit zwischen Telegramm und Fernschreiben:[243] So seien für das Fernschreiben dieselben Grundsätze anzuwenden, die auch für das Telegramm gelten.[244] In beiden Fällen veranlasse der Beschwerdeführer im Wege der elektronischen Nachrichtenübermittlung, daß die maßgebliche Erklärung erst andernorts und nur maschinenschriftlich niedergelegt werde. Darüber hinaus bringe der fernschriftliche Verkehr den Vorteil mit sich, einfacher und

---

[240] BGHSt 14, 233 ff.

[241] Vgl. BGH bei *Herlan*, JR 1954, 354.

[242] Vgl. etwa BGHSt 31, 7; BGH, NJW 1965, 1862, 1863; 1974, 1090.

[243] So z.B. BayObLG, NJW 1981, 2591.

[244] Dazu BGHSt 31, 7, 8; BayObLG, MDR 1967, 689.

schneller zu sein, weil die an das öffentliche Fernschreibnetz angeschlossenen Teilnehmer in der Regel jederzeit direkt in Verbindung treten können.[245] Gerade auch, weil die Gefahr des Mißbrauchs geringer sei als die der Täuschung des Rechtsverkehrs durch ein Telegramm, bestehe kein Anlaß, dem Bürger die Vorteile dieses Kommunikationsmittels vorzuenthalten.[246] Diese fortschrittsfreundliche Auffassung wurde von der Literatur mehrheitlich positiv beurteilt.[247]

---

[245] Vgl. BGH, NStZ 1983, 36.
[246] So BGHSt 31, 7, 9.
[247] Statt vieler *Dahs/Dahs,* Rn. 63; sowie *Schmid,* NStZ 1983, 37.

2. Abschnitt: Fernmündliche Rechtsmitteleinlegung

Bereits 1960 stellte der BGH klar, daß für die Fristwahrung bei der Rechtsmitteleinlegung nicht schon die Niederschrift über eine fernmündliche Mitteilung des Rechtsmittelführers oder seines Bevollmächtigten über den Inhalt einer von ihm gefertigten Rechtsmittelschrift genügt.[248]

Die Unzulässigkeit von telefonisch eingereichten Rechtsmitteln läßt insbesondere hinsichtlich der ständigen Rechtsprechung, in der ein fernmündlich aufgegebenes Telegramm für das einfache Schrifterfordernis als ausreichend erachtet wird, Zweifel aufkommen.[249] Erscheint es doch widersprüchlich, wenn die Aufgabe mittels Fernsprechgerät für den Telegrammverkehr Anerkennung findet, während die Zulässigkeit der fernmündlichen Übermittlung für Schriftstücke, welche der einfachen Schriftformen bedürfen, verneint wird. Auch gerade in Hinblick darauf, daß bei der direkten Einlegung des Rechtsmittels durch den Beschwerdeführer das Telegraphenamt ausgeschaltet ist und eine direkte Verhandlung mit der Geschäftsstelle stattfindet, sei eine einheitliche rechtliche Beurteilung unumgänglich.[250] Diesen Widerspruch erkennt auch *Herlan*:[251] Davon ausgehend, daß als Voraussetzung für die einfache Schriftform lediglich die einwandfreie Feststellbarkeit der Person des Anrufenden und die Bereitschaft des Beamten zur Aufnahme und Unterzeichnung verlangt wird, stelle sich bereits die Frage, wie eine einwandfreie Feststellbarkeit der Person des Anrufenden vorgenommen werden soll, zumal ein Ausweis nicht vorgezeigt werden kann.[252] Einen weiteren Ansatz bietet *Breit*[253], indem er die Frage aufwirft, wie es sich verhält, wenn sich der Rechtsanwalt unter Umgehung des Telegraphen direkt an den Gerichtsschreiber telefonisch wendet und ihn bittet, die Rechtsmittelschrift zu Protokoll zu nehmen und an seiner Stelle zu unterzeichnen. Telefon und Gerichtsschreiber seien dann „Werkzeuge" des Anwalts ebenso wie in den vom Reichsgericht entschiedenen Fällen zum Telegraphen und Telegraphenbeamten.[254]

---

[248] BGHSt 14, 233, 240.

[249] Diesen Widerspruch erkennt das Bundesverfassungsgericht, bleibt aber bei der Auffassung, daß ein Vermerk über ein Ferngespräch nicht der Schriftlichkeit entspricht, vgl. zu § 366 Abs. 3 LAG BVerfG, NJW 1964, 831.

[250] Dazu *Dahs*, NJW 1952, 276, 277.

[251] In JR 1954, 354.

[252] Zu bedenken ist, daß auch im Briefverkehr keine Kopie des Personalausweises beigefügt wird.

[253] In JW 1921, 700, 703.

[254] Ausführlich *Breit*, JW 1921, 700, 703.

Auch dieser zugegebenermaßen konsequenten Ansicht kann jedoch nicht zugestimmt werden, da das Schreiben dem Gericht schriftlich *zugehen* muß. Bei einer telefonischen Telegrammaufgabe wird schon bei der Annahme sein Inhalt schriftlich festgelegt und die Ausfertigung dem Empfänger zugestellt. Bei der fernmündlichen Durchsage tritt die amtliche Notiz des die Erklärung entgegennehmenden Beamten nur vorübergehend an die Stelle des Ankunftstelegramms.[255] Eine Gleichbehandlung mit der telefonischen Rechtsmitteleinlegung ist daher nicht geboten.

So hat sich für die einfache Schriftform ein Spektrum an differierenden Ansichten gebildet:[256] Für die qualifizierte Schriftform besteht allerdings Einigkeit dahingehend, daß diese auf telefonischem Wege nicht wirksam erfolgen kann, da eine eigenhändige Unterzeichnung nicht auf telefonischem Weg übermittelt werden kann.[257]

---

[255] Dazu BGHSt 30, 64 = BGH, JR 1982, 210, 211; im Ergebnis auch *Wolter,* JR 1982, 211, 213; a.A. dagegen *Schönke,* JZ 1953, 180.

[256] Insbesondere auch hinsichtlich der telefonischen Rechtsmitteleinlegung zu Protokoll der Geschäftsstelle, vgl. etwa *Dahs/Dahs*², Rn. 334.

[257] So etwa *Herlan*, JR 1954, 354.

3. Abschnitt: Telefax

A. Begriffsbestimmung und formelle Voraussetzungen

I. Begriffsbestimmung

Ein Fax kann mittels eines herkömmlichen Telefaxgerätes oder mit Hilfe eines PCs versendet werden. Da beide Methoden unterschiedlicher Beurteilung unterliegen, wird im Folgenden zwischen dem „Telefax“ als konventionelle Form der Faxtechnik und dem sog. „Computerfax“ als elektronische Übermittlung mittels Computertechnik unterschieden. Im Anschluß an die getrennte Behandlung werden sodann Gemeinsamkeiten und Unterschiede aufgezeigt. Auch wird zu diskutieren sein, ob eine unterschiedliche Beurteilung gerechtfertigt ist.

1. Definition

Das Wort „Fax“ steht für Faksimile Exchange (Fernkopie) und stammt aus dem amerikanischen Raum.[258] Ein Faksimile ist das Ergebnis der Reproduktion übersandter Text- und Bildvorlagen, welche durch eine Fernkopie vom Absendegerät an das Empfängergerät geschickt werden.[259] Der Begriff „Faksimile“ setzt sich aus dem lateinischen Worten „facere“ (machen) und „similis“ (ähnlich) zusammen und bedeutet, daß eine dem Original ähnliche Kopie erstellt wird.[260]

Den Grundstein der Entwicklung des Fernkopierens legte der Engländer Frederic Collier Bakewell im Jahre 1847 mit ersten Übertragungsversuchen mittels des „Copiertelegraphen“.[261] Während 1907 die erste praktische Bildübertragung gelang,[262] wurde erst Ende der 20er Jahre der sogenannte Faksimileapparat konstruiert.[263] Den Telefaxdienst der Deutschen Bundespost gibt es seit 1979.[264] Dieser fand Einzug in die Fernmeldeordnung als „Übertragung geeigneter Vor-

---

258 Vgl. zur Technik der Telefaxkommunikation *Streitz*, CR 1995, 55 ff.

259 Dazu *Reus*, MDR 1994, 1167.

260 Dargestellt bei *Nohadani*, S. 20.

261 Nachzulesen in den Unterrichtsblättern der Deutschen Telekom, S. 111 ff.

262 Die ersten Versuche zur elektronischen Bildabtastung mittels einer Selenzelle wurden von dem deutschen Physiker Arthur Korn (1870 – 1945) durchgeführt.

263 Diese wurden zunächst für die Übermittlung von Wetterkarten („Wetterfax“) und Pressebildern eingesetzt, vgl. dazu Unterrichtsblätter der Deutschen Telekom, S. 114, 115.

264 Am 1. Januar wurde der Telefaxdienst und die Einrichtung des Telefax-Test-Centers (TTC) in Frankfurt am Main eingeführt.

lagen zwischen Anschlüssen mit – von der Post – zugelassenen Fernkopierern im Orts-, Nah- und Fernmeldedienst“[265].

Die Definition des „Telefaxdienstes“ findet sich in § 25 der Verordnung über die Bedingungen und Gebühren für die Benutzung der Einrichtung des Fernmeldewesens (TKO) als „die Übermittlung von Fernkopien zwischen den im Telefaxdienst betriebenen Endstellen“. Es wurde jedoch bereits damals diskutiert, ob der Telefaxdienst eine eigenständige, vom Telefondienst unterscheidbare Leistung ist, da beim Versenden von Telefaxdokumenten herkömmliche Telefonverbindungen verwendet werden. Der einzige Unterschied besteht darin, daß anstelle von Sprache in Modulartöne umgewandelte Daten übertragen werden.[266] Rein technisch betrachtet, erbringen Telefax-Verbindungen die gleiche Leistung wie Telefonverbindungen. Mit der Liberalisierung des Endgerätebereichs zum 01.07.1990 wurde es jedermann gestattet, zugelassene Telekommunikationseinrichtungen selbst an den Telefonanschluß anzuschließen, so daß der Telefaxdienst nicht mehr in Form eines „öffentlichen Kommunikationsdienstes der Deutschen Bundespost“[267] aufrecht erhalten werden konnte.[268] Mit dem Außerkrafttreten der TKO haben sich die bestehenden öffentlich-rechtlichen Teilnehmerverhältnisse sodann kraft Gesetz unter Einbeziehung der Allgemeinen Geschäftsbedingungen der Deutschen Telekom in privatrechtliche Vertragsverhältnisse umgewandelt.[269]

2. Technische Vorgänge

Ein Telefaxgerät ermöglicht die elektronische Übertragung von Dokumenten (Text- und Bildvorlagen).[270] Mit Hilfe der Telefaxtechnik wird die erstellte Vorlage übertragen, indem diese durch sog. „Scannen“ in Bildpunkten erfaßt, digitalisiert und in dieser Form an den Empfänger übermittelt wird.[271] Das Originaldokument wird dazu an der Sendestation mit einem Lichtstrahl abgetastet und fotoelektronisch in eine digitale Darstellung (Rasterpunkte) umgewandelt.[272] Die Umwandlung in übertragungsfähige Signale wird „Modulation“ genannt.[273] Die elektronischen Signale werden im Folgenden über das öffentliche Fernsprechnetz übertragen und erreichen das Empfangsgerät, wo sie „demoduliert“ (rück-

---

265 § 41 FernmO.
266 So *Statz*, MDR 1995, 236.
267 *Ebnet*, NJW 1992, 2985.
268 Zur Privatisierung der Postunternehmen zum 1.1.1995 vgl. *Statz*, MDR 1995, 236, 237.
269 Gem. § 65 Abs. 3 S. 2; Abs. 1 PostVerfG.
270 Zusammenfassend *Ebnet*, NJW 1992, 2985.
271 Dazu *Peter/Schmittmann*, JA 1995, 516.
272 Vgl. *Ebnet*, NJW 1992, 2985.
273 Vgl. *Burgard*, AcP 195, 74, 86.

umgewandelt) werden.[274] Erst durch den – mittels eines Thermo-, Tintenstrahl- oder Laserdruckers angefertigten – Ausdruck wird das Dokument sichtbar. Während des gesamten Übertragungsvorgangs besteht dabei eine Leitungsverbindung zwischen Absender und Empfänger.[275]

3. Technische Entwicklung

Die Telefaxgeräte arbeiteten lange Zeit mechanisch mit rotierenden Trommeln, auf die beim Absender die Vorlage und beim Empfänger ein leeres Blatt eingespannt werden mußte. Diese Trommeln mußten bei Sender und Empfänger mit gleicher Geschwindigkeit laufen, oder die Darstellung war bis zur Unkenntlichkeit verzerrt.[276] Diesem Problem wurde durch eine rapide Entwicklung der Faxtechnik abgeholfen. Auch das Faxzeitalter der Papierschlangen aus dem Thermofax ist, abgesehen von vereinzelten Nutzungen dieser Technik im privaten Bereich, großteils überwunden. Der Rückgang ist wohl darauf zurückzuführen, daß das Thermopapier auch nach Einrichtung einer automatischen Schneideeinrichtung und Papierglättung mit der Zeit verblaßte und die Korrespondenz auf Normalpapier umkopiert werden mußte, um das Dokument zu erhalten.[277] Dies ist nach dem heutigen Stand der Faxtechnik bei sog. „Normalpapierfaxgeräten" nicht mehr erforderlich.[278]

Darüber hinaus sind hinsichtlich der Übertragungsdauer und der Übertragungsqualität beachtliche Verbesserungen zu verzeichnen. So sind Geräte, die eine Übertragungsdauer von bis zu 6 Minuten pro DIN A4 Seite aufweisen technisch überholt.[279] Derzeit wird eine Übertragungsdauer eines durchschnittlichen Telefaxgerätes von ca. 40 Sekunden,[280] mit ISDN (Integrated Service Digital Network) von sogar nur noch 4 bis 6 Sekunden erreicht. Ferner hat auch die Auflösung der Darstellung, also die Qualität der Kopie im Vergleich zum Original, inzwischen eine enorme Verbesserung erfahren, so daß die modernen Telefaxgeräte mittlerweile eine mehr als doppelt so hohe Auflösung erreichen als die Anfangsgeräte.

---

[274] Ausführlich bei *Nohadani*, S. 21; vgl. auch *Streitz*, CR 1995, 55; sowie *Zielinskli*, CR 1995, 286, 287.

[275] Vgl. *Deider*, Fernkopieren, S. 4.

[276] Näher dazu *Zimmermann*, NJW-CoR 1998, 270.

[277] Vgl. *Zimmermann*, NJW-CoR 1998, 270.

[278] Zur Unterteilung der Faxgeräte in vier Gruppen (wobei der derzeitige Standard Geräte der Gruppe drei sind) vlg. *Streitz*, CR 1995, 55.

[279] Vgl. etwa *Streitz*, CR 1995, 55.

[280] So *Deider*, Fernkopieren, S. 6; vgl. auch *Nohadani*, S. 24.

II. Formelle Voraussetzungen

1. Grundsätzliche Anerkennung im Prozeßrecht

Für Form und Inhalt gefaxter Schriftsätze gelten die allgemeinen Vorschriften. Daher ist die Unterzeichnung bei der qualifizierten Schriftform auch dann zu fordern, wenn der Schriftsatz durch Telefax übermittelt wird.[281] Bei der Verwendung von Telefaxgeräten stellt sich jedoch das Problem, daß eine eigenhändige Unterzeichnung des zugehenden Schriftsatzes nicht möglich ist. Lediglich eine (Fern-) Kopie der Unterschrift geht dem Empfänger zu.[282] Um jedoch die Prozeßbeteiligten nicht von den fortschreitenden technischen Entwicklungen des Fernmeldeverkehrs auszuschließen, hat die Rechtsprechung[283] das Telefaxgerät zur Übermittlung qualifizierter Schriftsätze im Prozeßrecht als zulässig und die so übermittelten Schriftsätze als wirksam zugegangen anerkannt. Die Einlegung von Rechtsmitteln/Rechtsbehelfen sowie die Einreichung von Rechtsmittelbegründungsschriften durch Telefaxkopien ist daher nach ständiger Rechtsprechung zulässig.[284] Auch die Literatur erkennt die Zulässigkeit der Einreichung fristwahrender Schriftsätze mittels Telefax nahezu einhellig an.[285]

Im Zivilrecht erfüllt die Zusendung eines Telefax allerdings die Voraussetzungen einer schriftformbedürftigen Willenserklärung nach h.M.[286] nicht, da für die Schriftform nach § 126 BGB eine handschriftliche Unterschrift auf einer körper-

---

281 Für den Zivilprozeß vgl. BGH, NJW 1994, 2097; vgl. auch *Pape/Notthoff*, NJW 1996, 417, 419; zum Einsatz des Telefax im Behördenverkehr vgl. *Ewer/Schürmann*, NVwZ 1990, 336 f; skeptisch wird der Telefaxverkehr jedoch in der Presse gesehen, vgl. zum „Telefaxgerät vor dem Richtertisch", WAZ vom 27. Juli 1999 (Nummer 172).

282 So auch *Wolf*, NJW 1989, 2592.

283 Vgl. BVerfG, NJW 1996, 2857; RGZ 139, 45, 47; 151, 82, 86; BGH, NJW 1989, 589 Nr. 9; 1990, 187, 188; 1992, 244, 245; BGH, NJW-RR 1992, 1020; NJW 1994, 1660, 1661; 1994, 1879; = MDR 1995, 639; NJW 1995, 1431; ZIP 1995, 781; BAG, NZA 1986, 578; NJW 1987, 341; BVerwG, BayVBl. 1990, 670; BSG, MDR 1985, 1053 = NJW 1986, 1778 = NZA 1986, 578; BFH, NJW 1991, 2927, 2928; BayVerfGH, NJW 1993, 1125; OLG Düsseldorf, NJW 1995, 671; oder 2177; OlG Karlsruhe, NStZ 1994, 200, 201; OLG München, NJW 1991, 303; zur Unzulässigkeit eines Investitionszulagenantrags per Fax vgl. BFH, NJW 1999, 1422 ff.; zur Prozeßvollmacht per Telefax vgl. *Zärban*, BB 1994, 2252 ff.

284 Zur Frage, ob die Zustellung einer gerichtlichen Entscheidung auch umgekehrt (bei besonderer Eilbedürftigkeit) vom Gericht zum Rechtsanwalt per Telefax zulässig ist, vgl. *Ewer/Schürmann*, NVwZ 1990, 336 ff.

285 Vgl. *Buckenberger*, NJW 1983, 1475; *Daumke*, ZIP 1995, 722 ff.; *Dyrchs/Becher*, S. 18; *Ebnet*, NJW 1992, 2985, 2986; *Gottwald/Honold*, JZ 1995, 657, 660; *Haller/Conzen*, Rn. 428; *Schmittmann*, DB 1993, 2575; *Schwachheim*, NJW 1999, 621 ff.; *Pape/Notthoff*, NJW 1996, 417 ff.; *Wolf*, NJW 1989, 2592 ff.

286 Vgl. *Ebbing*, CR 1996, 271, 272 f.; eingehend auch *Nohadani*, S. 117.

lichen Urkunde erforderlich ist.[287] Die Originalurkunde muß dem Empfänger ausgehändigt werden, um den Zugang zu bewirken, der die formbedürftige Willenserklärung wirksam werden läßt.[288] Eine Übermittlung durch ein herkömmliches Telefaxgerät ist dabei nicht ausreichend, da das empfangene Telefax lediglich eine Kopie der Unterschrift, nicht aber die eigenhändige Namensunterschrift der Partei gem. § 126 Abs. 1 BGB trägt. Die im Zivilprozeßrecht anerkannten Ausnahmen[289] für vorbereitende Schriftsätze (§ 130 Nr. 6 ZPO) sind auf das bürgerliche Recht nicht übertragbar.[290]

2. Übermittlung der Unterschrift

a. Bildliche Übermittlung

Die Übermittlung eines Schriftstücks per Telekopie, welches der qualifizierten Schriftform bedarf, genügt dem Formerfordernis nur dann, wenn auch die handschriftliche Unterzeichnung unter dem gefaxten Schriftstück bildlich übermittelt wird[291] und keine Anhaltspunkte gegen die Verläßlichkeit der Unterschrift bestehen.[292] Diese bildliche Übermittlung ist erforderlich, um eine Identifizierung des Verfassers zu ermöglichen. Daher wird auch bei Anbringung einer Revisionsbegründung durch Telefax im Hinblick auf § 345 II StPO verlangt, daß die gesamte Urschrift einschließlich der Unterschrift ihres Verfassers durch das Empfangsgerät reproduziert wird; der Rechtsmittelführer muß das, was technisch möglich ist, leisten, um dem gesetzlichen Erfordernis der Unterzeichnung zu entsprechen.[293] Weiterhin erforderlich bleibt also die handschriftliche Unterzeichnung auf dem Original.[294] Es genügt mithin nicht, die eigenhändige Unterschrift auf der Vorlage durch einen Faksimilestempel zu ersetzen.[295]

---

287 Zur Frage, ob die Schriftform des § 766 BGB durch eine Telekopie erfüllt ist, vgl. *Cordes*, NJW 1993, 2427 ff.

288 So auch *Ebbing*, CR 1996, 271, 272/273.

289 Statt vieler BVerfG, NJW 1987, 2067; BGH, NJW 1990, 188; *Ebnet*, NJW 1992, 2985, 2986; *Tschenscher*, CR 1991, 141, 146.

290 Vgl. etwa Erman-*Brox*, § 126 Rn. 2, 11; MüKo-*Förschler*, § 126 Rn. 2, 16, 22; Soergel/*Hefermehl*, § 126 Rn. 12; zur Unterscheidung der Schriftform im materiellem Recht und Prozeßrecht *Melullis*, MDR 1994, 109, 112.

291 BGH, NJW 1994, 2097; 1990, 188; OLG Düsseldorf, JMBl.NW 1989, 153, 154; OLG Hamburg, NStZ 1989, 587, 588; OLG Hamburg, NJW 1989, 3167; sowie *Hoppmann*, VersR 1992, 1068; *Kramer*, Rn. 343; *Pfeiffer*, Rn. 152; *Roxin*, § 53 Rn. 40.

292 Dazu *Hohmann*, NJW-CoR 1989, 18, 31; *Peter/Schmittmann*, JA 1995, 516, 518.

293 OLG Hamburg, NStZ 1989, 587, 588; vgl. auch zur gleichartigen Regelung in § 130 Nr. 6 ZPO: BAG, NJW 1987, 341, 342.

294 Vgl. *Ebnet*, NJW 1992, 2985, 2987; sowie *Wolf*, NJW 1989, 2592.

295 So auch VG Wiesbaden, NJW 1994, 537.

b. Widerspruch hinsichtlich der Zulässigkeit einer telegraphischen Übermittlung

Das Erfordernis einer bildlichen Übertragung der Unterschrift steht jedoch im Widerspruch zur zulässigen Einreichung unterzeichnungsbedürftiger Schriften per Telegramm. Diese Inkonsequenz rechtfertigt der *BGH* mit dem Anlaß für das Absehen von einer eigenhändigen und handschriftlichen Unterzeichnung bei einem Telegramm und Fernschreiben: Die Vorteile dieser modernen Kommunikationssysteme sollten dem Rechtssuchenden nicht vorenthalten werden, zumal die Gefahr eines Mißbrauchs gering sei.[296] Da jedoch bei dem Telefaxverfahren eine bildliche Übermittlung der Unterschrift technisch ohne weiteres möglich ist, sei die beim Telegramm gewährte Ausnahme nicht erforderlich. Für die Revisionsbegründung mittels Telefax sei daher entsprechend der Bestimmung des § 345 Abs. 2 StPO neben der eigenhändigen, handschriftlichen Unterzeichnung der Rechtsmittelschrift durch den Verteidiger oder einem Rechtsanwalt auch die bildliche Übermittlung dieser Unterschrift zwingende Formvorschrift.[297] Deren Nichtbeachtung führe mithin zur Verwerfung des Rechtsmittels als unzulässig.

3. Rechtliche Bedeutung des Nachreichens der Originalschrift

Gerade weil dem Gericht bei dem Einsatz von Telefaxgeräten nicht das Original, sondern stets nur eine Fernkopie vorliegt, wird das Original und/oder eine Bestätigung der Telefaxübermittlung oftmals „sicherheitshalber" auf dem konventionellen Postweg nachgereicht.[298] Der *BGH* legte im Rahmen eines Zivilprozesses dar, daß bei der Rechtsmitteleinlegung per Telefax und der Nachreichung des Originals ein einheitliches Rechtsmittel vorliege:[299] Abzustellen sei jedoch zunächst auf den Telefaxschriftsatz, da nicht erst die Nachsendung des Originals zur Wirksamkeit führe. Der Rechtsmittelführer wolle mit der Nachsendung lediglich den Unsicherheiten der fernmeldetechnischen Übermittlung Rechnung tragen und vorsorglich das Rechtsmittel erneut einlegen. Unter Heranziehung der Grundsätze zur wiederholten Rechtsmitteleinlegung bedeute dies, daß die „zweite" Rechtsmitteleinlegung so lange wirkungslos bleibe, bis die Telefax-Rechtsmitteleinlegung – z.B. wegen Versäumnis der Begründungsfrist – unwirksam werde. Von diesem Zeitpunkt an erhalte die „zweite"

---

[296] BGHSt 31, 7; vgl. auch OLG Düsseldorf, JMBl.NW 1989, 153, 154.

[297] Vgl. BGH, NJW 1990, 188; 1993, 1655; BSG, NZA 1986, 578; OLG Düsseldorf, JMBl.NW 1989, 153, 154; *Gottwalt/Honold*, JZ 1995, 657, 660.

[298] Für den Zivilprozeß muß das für die übrigen Parteien erforderliche Doppel sogleich per Telefax übermittelt oder per Post innerhalb der Frist nachgereicht werden, vgl. dazu VGH Kassel, NJW 1991, 316.

[299] Jüngst BGH, NJW 1999, 2989, 2990; wie auch BGH, NJW 1993, 3141 ff.

Rechtsmitteleinlegung selbständig Bedeutung mit der Folge, daß die Rechtsmittelbegründung sich nach dem Zusenden des Originals richte.[300] Letztlich ist daher auch die Fristberechnung ab Zugang des nachgereichten und fristgerecht zugegangenem Originals zulässig.[301]

B. Fristwahrung und Zugang bei gefaxter Schriftsatzeinreichung

I. Zugangszeitpunkt und Zugangshindernisse

1. Zugangszeitpunkt ordnungsgemäß gefaxter Schriftsätze

Ein Schriftsatz ist zugegangen, wenn er „derart in den Machtbereich des Empfängers gelangt ist, daß dieser unter gewöhnlichen Umständen und unter Berücksichtigung der Verkehrsauffassung die Möglichkeit der Kenntnisnahme hat"[302]. Für den Gerichtsverkehr hieß das noch 1929, daß den Handlungssubjekten zweifelsohne kein Anrecht erwuchs, noch bis Mitternacht die Handlung vorzunehmen, nur weil ihnen prozeßrechtlich eine erst um Mitternacht ablaufende Frist zur Verfügung stand.[303] So war es zu der Zeit für den Zugang noch erforderlich, daß ein dienstbereiter Justizbediensteter das Schriftstück entgegennahm und mit dem Eingangsvermerk („Präsentatum") versah[304] und zu späterer Stunde sogar der Kastellan des jeweiligen Gerichts bemüht werden mußte.[305] Heute reicht es dagegen aus, daß das Schriftstück in die Verfügungsgewalt des zuständigen Gerichts gelangt.[306] Daher ist es zur Fristwahrung nicht erforderlich, daß der Schriftsatz noch vor Dienstschluß eingereicht wird, zumal auch im Gesetz festgehalten ist, daß die Wochen- oder Monatsfrist gem. § 43 Abs. 1 StPO mit dem *Ablauf* des letzten Tages endet. Nach Auffassung des *BGH* muß daher bei der Nutzung eines Telefaxgerätes auf den Zeitpunkt abgestellt werden, in dem das Schriftstück am Empfangsgerät bei Gericht ausgedruckt wird.[307] Auf den

---

300 Wiedergegeben bei *Ebnet,* JZ 1996, 507, 509; die Revisionsbegründungsfrist ist im Strafprozeß gewahrt, wenn nach § 345 Abs. 1 StPO die Begründung binnen eines Monats beim iudex a quo eingeht; vgl. zum Fristbeginn *Haller/Conzen*, Rn. 430.

301 Vgl. zur zivilprozessualen Berufungsbegründung BAG, CR 2000, 303; vgl. zur Fristberechnung der Revisionsbegründung im Strafprozeß *Dyrchs/Becher*, S. 18.

302 RGZ 144, 290, 292; vgl. auch BGH, NJW 1977, 194.

303 So *Jonas,* Anm. zu RG, JW 1929, 3157.

304 Eindrucksvoll RG, JW 1938, 2153.

305 Dazu RG, JW 1929, 3157.

306 Vgl. BVerfGE 52, 203, 208 f.; 57, 117, 119; *Kleinknecht/Meyer-Goßner*, Vor § 42 Rn. 13; *Peter/Schmittmann*, JA 1995, 516, 518.

307 BGH, NJW 1994, 1881, 2097; zustimmend VHG Mannheim, NJW 1994, 538; OLG Karlsruhe, NStZ 1994, 200; vgl. auch *Müller*, NJW 1995, 3224, 3233.

Ausdruck ist abzustellen, da das Gericht erst dann in der Lage ist, von dem Inhalt des Schriftsatzes Kenntnis zu nehmen.[308] Wird das Schriftstück nicht oder nur unleserlich ausgedruckt, ist es daher grundsätzlich nicht zugegangen.[309]

2. Beurteilung nicht korrekt eingegangener Telefaxe

Oftmals erreichen Schriftsätze, die mittels Telefax abgesandt worden sind, innerhalb der gesetzlichen Frist das Gericht nur unvollständig oder unleserlich. Teilweise bleibt der Eingang trotz fristgerechter Absendung vom Sendegerät gänzlich aus. Solche Unregelmäßigkeiten beruhen in der Regel auf technischen Störungen oder sind auf eine fehlerhafte Bedienung zurückzuführen.[310]

a. Störungen beim Absendegerät

Liegt ein Defekt im Telefaxgerät des Absenders vor, so muß dieser, da für ihn der Mangel am leichtesten erkennbar ist, das Risiko des Zugangs tragen und gegebenenfalls einen anderen Übermittlungsweg wählen.[311] Auch eine mangelhafte Bedienung des Absendegeräts, welche beispielsweise zur Folge hat, daß die Seiten wegen offensichtlicher Falscheinlegung unkorrekt bei Gericht ausgedruckt wurden, sind dem Absender anzulasten.[312]

b. Störungen beim Empfangsgerät

Bei der Eröffnung des Rechtsverkehrs per Telefax hat das Gericht zu beachten, daß interne Organisationsschwierigkeiten den Zugang von Schriftsätzen nicht hindern und verzögern dürfen.[313] Der Rechtssuchende muß sich darauf verlassen können, daß sein Schreiben – auch mittels Telefax – rechtzeitig in den gerichtlichen Machtbereich gelangt ist.[314] Sobald daher das Hindernis in der Sphäre des Gerichts liegt und das Sendeprotokoll dem Absender gleichwohl anzeigt, daß die Verbindung einwandfrei zustandegekommen ist, wird der Zugang des unvollständigen oder unleserlichen Schriftsatzes mit dem vollständigen auf dem Original vorhandenen Inhalt fingiert.[315] Diese Vorgehensweise ergibt sich aus Art. 2 Abs. 1 GG i.V.m. dem Rechtsstaatsprinzip. Der daraus folgende Grundsatz besagt, daß die Risiken und Unsicherheiten, deren Ursache alleine in der

---

308 So auch *Pape/Notthoff*, NJW 1996, 417, 418.
309 Vgl. BGH, NJW 1992, 244; so auch *Ebnet*, JZ 1996, 2985 ff.
310 Näher dazu *Pape/Notthoff*, NJW 1996, 417, 418.
311 So auch *Perter/Schmittmann*, JA 1995, 516, 519.
312 Ausführlich dazu LAG Berlin, CR 1995, 486, 488.
313 Vgl. dazu *Pape/Notthoff*, NJW 1996, 417, 419.
314 Zum Brief BVerfG NJW 1980, 580; 1986, 244.
315 Vgl. BGH, NJW 1994, 1881 = DB 1994, 2133 = DWir 1994, 423 ff. m. Anm. *Schmittmann.*

Sphäre des Gerichtes liegt, nicht auf den rechtssuchenden Bürger abgewälzt werden dürfen.[316] Ist der fehlende Ausdruck auf einen mangelnden Papiervorrat des Gerichtes zurückzuführen, während der Schriftsatz im Empfangsgerät jedoch rechtzeitig gespeichert wurde, so wird auch in diesem Fall der Zugang fingiert, wenn die Störung für den Rechtssuchenden nicht erkennbar ist.[317]

Ferner ist seitens der Justizbehörde dafür Sorge zu tragen, daß das Empfangsgerät nach Dienstschluß betriebsbereit ist, weil ein Rechtsanwalt die gesetzliche oder verlängerte Frist bis Mitternacht ausnutzen darf:[318] Es sei einem Rechtsanwalt nicht zumutbar, „per Telefax das Rechtsmittel einem Anwaltskollegen in Gerichtsnähe durchzugeben und von diesem in den Nachtbriefkasten des Gerichts einwerfen zu lassen“[319]. Die Zumutbarkeit kann jedoch dahinstehen, da eine derartige Handhabung – nach derzeitiger Rechtsprechung[320] – die Unzulässigkeit des Rechtsmittels zur Folge hätte. In Fällen, in denen keine Verbindung zustandegekommen ist, weil das Empfangsgerät ständig besetzt war, liegt dagegen kein Zugang vor.[321] In diesem Fall ist der Absender auf die Möglichkeit der Wiedereinsetzung in den vorigen Stand zu verweisen.[322]

c. Fristablauf während des Ausdrucks

Das Problem des Fristablaufs während des Ausdrucks stellt sich insbesondere bei der Übersendung umfangreicher Revisionsbegründungsschriften. Da auf den Ausdruck bei Gericht abzustellen ist, ist in den Fällen, in denen das Dokument nur teilweise fristgerecht bei Gericht ausgedruckt wird, der Schriftsatz verfristet, weil die letzte – unterschriebene – Seite des Prozeßbevollmächtigten erst nach Ablauf der Frist bei Gericht eingeht.[323] Es ist also erforderlich, daß für einen fristgerechten Eingang des jeweiligen Schriftsatzes, insbesondere für die Kenntlichmachung des Urhebers der Erklärung, der vollständige Antrag sowie vor allem die Unterschrift am Ende des Schriftstücks im Zeitpunkt des Fristablaufes

---

316 So auch BVerfGE 69, 381, 386 f.; BGH, BB 1991, 2325; LG Dortmund, NJW 1996, 1832; OVG Bautzen, NJW 1996, 2251; *Peter/Schmittmann*, JA 1995, 516, 519.

317 VGH Mannheim, NJW 1994, 538.

318 Vgl. BGH, AnwBl. 1992, 139; BVerwGE 91, 1193; auf genügend Papier im Faxgerät weist das LG Hamburg, NJW-RR 1989, 487 hin; vgl. auch *Hoppmann*, VersR 1992, 1068.

319 Vgl. *Hoppmann*, VersR 1992, 1068.

320 Vgl. Gliederungspunkt 2. Kapitel, 3. Abschnitt, B., II., 3.

321 Zum Papierstau vgl. BGH, NJW 1992, 244.

322 Vgl. *Ebnet*, NJW 1992, 2985, 2987.

323 Vgl. BGH, NJW 1994, 2097; so auch KG, NJW 1997, 1864; Wiedereinsetzung bei Faxeingang unmittelbar nach Ablauf der Rechtsmittelfrist, vgl. BayObLG, FamRZ 1998, 634.

bereits ausgedruckt ist.[324] Ein billiger Nachttarif sollte daher nicht dazu führen, längere Schriftsätze nachts und erst unmittelbar vor Fristablauf an das Gericht zu senden.[325]

Es stellt sich die Frage, ob die Unzulässigkeit durch den Fristablauf während der Übertragung umgangen werden kann, indem zunächst die erste, gefolgt von der letzten unterschriebenen Seite versendet wird.[326] Zu bedenken ist jedoch, daß nur der Teil des Schriftsatzes zu berücksichtigen ist, der rechtzeitig ausgedruckt wird. Fehlt also eine mittlere Seite, wird diese nicht berücksichtigt, so daß ein wohl unsinniges Dokument entstehen würde. Somit könnte es sein, daß eine derart eingelegte Rechtsmittelbegründung zwar zulässig, aber – durch die fehlenden Seiten – voraussichtlich unbegründet ist. Damit wäre dem Mandanten keinesfalls gedient, zumal die Möglichkeit der Wiedereinsetzung durch die fristgerecht eingegangene und unterschriebene Schrift nicht mehr gegeben wäre.

II. Schriftsatzeinreichung per Fax unter Zwischenschaltung Dritter

1. Faxübermittlung über Geräte Dritter

Die indirekte Faxübermittlung unter Nutzung der öffentlichen Telefaxgeräte der Telekom AG ist weitgehend anerkannt.[327] Da für das zuständige Gericht die Kennung der Telekopie insofern unbeachtlich ist, als zur Identifizierung der Briefkopf des Schreibens und zur Übernahme der Verantwortung des Geschriebenen die Unterschrift auf dem Fax ausschlaggebend sind, ist es unerheblich, von wessen Anschluß aus das Fax gesendet wird.[328] Zur Schriftsatzeinreichung können Faxgeräte mithin sowohl von öffentlichen Stellen wie der Telekom AG oder auch von Privaten genutzt werden, da eine möglicherweise erhöhte Manipulationsgefahr bei der Dokumentenübermittlung insoweit unbeachtlich ist.[329]

---

324 Vgl. dazu BGH, NJW 1994, 2098; KG, NJW 1997, 1864; sowie *Daumke*, ZIP 1995, 725; *Kramer*, Rn. 343.

325 So auch *Ebnet*, JZ 1996, 507, 509.

326 Vgl. auch *Daumke*, ZIP 1995, 722, 725.

327 BGH, NJW 1990, 188; OLG Düsseldorf, NStZ-RR 1999, 49 f.; OLG Hamburg, NJW 1989, 3167; *Ebnet*, NJW 1992, 1985, 1986; a.A. LAG Hamm, NJW 1988, 3286.

328 *Gottwald/Honold*, JZ 1995, 657, 660.

329 So auch BAG, NJW 1989, 1822, 1823; sowie *Pape/Notthoff*, NJW 1996, 417, 420.

2. Telebriefverfahren

Dem Telebriefverfahren kam Bedeutung zu, soweit einem der Korrespondenzpartner kein Telefaxgerät zur Verfügung stand.[330] Hatte der Absender kein Telefaxgerät, so konnte er das Schreiben an die Post schicken, mit der Bitte, dieses per Fax weiterzuleiten. Von dort aus wurde das Schreiben dem Adressaten (z.B. dem Gericht) dann per Telefax zugesandt oder umgekehrt.[331] Die Deutsche Post AG wurde quasi zwischen das Telefaxgerät des Absenders und den Empfänger geschaltet. Der Telebrief war eine anerkannte Versendungsmöglichkeit von Schriftstücken, welche einer qualifizierten Schriftform bedurften,[332] wobei allerdings die besonderen Sorgfaltspflichten vom Absender zu beachten waren. So mußte gegebenenfalls auf die Übersendung per Eilbrief hingewiesen werden, wenn die Zustellzeiten für gewöhnliche Briefe der Einhaltung der Frist entgegenstand.[333] Die Telekopie, die dem Rechtsmittelgericht auf postalischem Weg zugeleitet wurde, wurde folgerichtig auch dann als zulässig angesehen, wenn der Absender und das Gericht über keine Telefaxeinrichtung verfügten.[334]

3. Zwischenschaltung privater Dritter

Eine weitere Möglichkeit der Faxzustellung könnte – sofern das Gericht mit keinem eigenen Telefaxgerät ausgestattet ist – die Inanspruchnahme privater Dritter sein. Diese könnten derart in den Übermittlungsvorgang einbezogen werden, daß dem privaten Dritten vom Prozeßbevollmächtigten eine Telekopie über seinen Telefaxanschluß gesendet wird, welche der Dritte dann persönlich dem Gericht zustellt. Dieser Methode stehen die Gerichte jedoch ablehnend gegenüber und weisen ein in dieser Form eingereichtes Rechtsmittel als unzulässig ab:[335] Die Formungültigkeit ergebe sich aus der Gefahr, daß es sich bei dem übermittelten Fax lediglich um einen Entwurf handele. Es sei in diesen Fällen nicht zweifelsfrei erkennbar, ob die Weiterleitung des Schriftstücks an das Gericht dem tatsächlichen Willen des Unterzeichners entspreche oder nicht ein bloßer Entwurf weitergeleitet werde, der nicht als prozessuale Erklärung für das

---

330 Im Herbst 1999 wurde das Telebriefverfahren eingestellt, so der Mitarbeiter der Deutschen Post AG, Herr *Wotzlawski* (Referent Marketing).

331 Zur Unterscheidung zwischen Telefax und Telebrief vgl. *Reus*, MDR 1994, 1167 ff.

332 Vgl. BGH, NJW 1983, 1498; OLG Koblenz, NStZ 1984, 236; vgl. auch *Wolf*, NJW 1989, 2592, 2593.

333 So BFH, BB 1986, 1287; vgl. auch *Peter/Schmittmann*, JA 1995, 516, 519.

334 Eingehend LAG Schleswig-Holstein, NJW-RR 1989, 441; wie auch *Hoppmann*, VersR 1992, 1068, 1069.

335 So BGH, NJW 1989, 589; BAG, NJW 1990, 3165; *Gottwald/Honold*, JZ 1995, 657, 660; *Laghzaoui/Wirges*, MDR 1996, 230, 233.

Gericht bestimmt war.[336] Gegen diese Ansicht ist jedoch einzuwenden, daß der Rechtsanwalt durch seine Unterschrift unter die weitergeleitete Schrift die formwirksame Einreichung erst möglich macht.[337] Ferner ist nicht ersichtlich, warum die Zwischenschaltung eines privaten Dritten anders beurteilt werden soll als die Inanspruchnahme der Post.[338] Eine Manipulationsgefahr ist kaum zu befürchten, da der Rechtsanwalt das von ihm unterzeichnete Schriftstück in Kenntnis der Unterzeichnungswirkung bewußt an bestimmte private Dritte weiterleitet. Umgangen werden kann diese Problematik jedoch dadurch, daß der Bote, welcher zumeist auch Rechtsanwalt ist, als Unterbevollmächtigter fungiert.[339] Nur so ist es möglich, durch eine Überbringung des gefaxten Schriftsatzes einen rechtzeitigen Zugang zu erreichen.

Anerkannt ist indes die Übermittlung durch einen Dritten, wenn der Anwalt die – unterschriebene – Kopiervorlage an seine Kanzlei per Telefax übermittelt und von dort, z.B. durch die Sekretärin, eine weitere Übermittlung per Telefax an das Gericht erfolgt.[340] Dem Anwalt ist es daher gestattet, seine Kanzlei praktisch als „verlängerten Arm" einzuschalten, solange die Weiterleitung im Verfügungsbereich der Kanzlei vorgenommen wird.[341] Selbst wenn eine derartige Handhabung nicht gestattet wäre, könnte ein „Zuwiderhandeln" kaum bewiesen werden, da es bei der heutigen Qualität der Telekopien nicht sichtbar ist, ob das ursprüngliche Original mehrmals weitergefaxt wird. Daher ist die neue technikfreundliche Rechtsprechung durchaus begrüßenswert.

III. Wiedereinsetzung in den vorigen Stand

Der Umfang der anwaltlichen Sorgfaltspflichten im Zusammenhang mit der Verwendung eines Telefaxgerätes hat für die Tätigkeit des Verteidigers oder Rechtsanwalts nicht nur im Hinblick auf etwaige Regreßforderungen der Mandanten, sondern vor allem auch für die Verschuldensfrage im Rahmen eines Wiedereinsetzungsverfahrens besondere Bedeutung.[342] So ist eine Wiedereinsetzung in den vorigen Stand gem. § 44 StPO nur zu gewähren, wenn jemand ohne Verschulden verhindert war, eine Frist einzuhalten.[343]

---

336 Vgl. dazu BAG, NJW 1990, 3165; a.A. *Peter/Schmittmann,* JA 1995, 516, 519.
337 So auch *Peter/Schmittmann*, JA 1995, 516, 519; vgl. auch *Ebnet*, NJW 1992, 2985, 2986.
338 Vgl. dazu BFH, NJW 1991, 2927.
339 Dazu BAG, NJW 1990, 3165; *Pape/Notthoff,* NJW 1996, 417, 420.
340 Statt vieler BGH, FamRZ 1998, 425.
341 Eingehend *Notthoff,* DStR 1999, 1076.
342 Zum Zivilprozeß vgl. *Laghzaoui/Wirges*, MDR 1996, 230, 233.
343 Vgl. *Göbel*, S. 215; sowie *Kleinknecht/Meyer-Goßner,* § 44 Rn. 1 ff.; zu den typischen Fehlern vgl. *Hoppmann,* VersR 1992, 1068; wie auch *Müller*, NJW 1993, 681.

1. Allgemeine Grundsätze für das Wiedereinsetzungsverfahren

Zu beachten ist zunächst, daß das Verschulden des Rechtsanwaltes oder Verteidigers grundsätzlich nicht vom Angeklagten oder Beschuldigten zu vertreten ist und diesem nicht zugerechnet werden kann.[344] Eine Ausnahme von dem Grundsatz stellt freilich das Mitverschulden des Angeklagten oder Beschuldigten dar.[345] Eine weitere Ausnahme trifft den Bereich der Privat- und Nebenklage. So ist auf den Privat- oder Nebenkläger und den Antragsteller im Klageerzwingungsverfahren der allgemeine Verfahrensgrundsatz des § 85 II ZPO anzuwenden, wonach sich Verfahrensbeteiligte, die sich nicht gegen einen Schuldvorwurf verteidigen, das Verschulden ihres Vertreters zurechnen lassen müssen.[346]

Die Verschuldensfrage i.S.d. § 44 StPO ist von den Sorgfaltspflichten zur Fristwahrung abhängig.[347] Grundsätzlich obliegen dem Rechtsanwalt die Aufgaben persönlich, welche dem Ziel der ordnungsgemäßen Fristwahrung dienen. Dabei ist jedoch eine großzügige Anwendung des § 44 StPO im Interesse der materiellen Gerechtigkeit geboten.[348] Einfache routinemäßige Arbeiten, welche keine juristische Ausbildung erfordern, kann der Anwalt auf sein geschultes und zuverlässiges Büropersonal delegieren.[349] Er muß allerdings – im Rahmen einer sorgfältigen und sicheren Organisation – durch eine besondere Ausgangskontrolle sicherstellen, daß das Fristende im Fristkalender erst gelöscht wird, wenn die bestimmungsgemäße Absendung sichergestellt ist.[350] Der Unterzeichnung muß stets die eigene Prüfung auf vollständige und richtige Adressierung vorangehen.[351]

---

[344] Vgl. etwa BVerfG, NJW 1991, 351; 1994, 1856; BGHSt 14, 306, 308; *Kleinknecht/Meyer-Goßner*, § 44 Rn. 18; *Schlüchter*, Strafverfverfahren, Rn. 151; umfassend auch *Dittmar*, MDR 1975, 270, der darauf hinweist, daß der Angeklagte zur Überwachung der Verteidigung grundsätzlich nicht verpflichtet ist.

[345] Vgl. BGHSt 25, 89, 93; BGH, NJW 1973, 1138 = JR 1973, 470 m. Anm. *Peters*; differenzierend *Schlüchter,* Strafverfahren, in Fußnote 57; vgl. auch *Roxin,* § 23 Rn. 17, der zu bedenken gibt, daß § 85 Abs. 2 ZPO in der StPO keine Entsprechung findet.

[346] Statt vieler BGHSt 30, 309, 310; OLG Düsseldorf, NJW 1993, 341; 1993, 1344; *Kleinknecht/Meyer-Goßner*, § 44 Rn. 19.

[347] So auch *Ebnet*, JZ 1996, 507, 510.

[348] Vgl. dazu *Kleinknecht/Meyer-Goßner*, § 44 Rn. 11; *Sarstedt*, JR 1956, 112.

[349] Statt vieler BGH, VersR 1992, 1023.

[350] Vgl. BGH, NJW 1991, 2294; OLG München, NJW-RR 1991, 1187.

[351] So BGH, VersR 1987, 486, 487; *Ebnet*, JZ 1996, 507, 510.

2. Besondere Problematik bei der Nutzung von Telefaxgeräten

a. Spezifische Kontroll- und Sorgfaltspflichten bei Rechtsmitteleinlegung per Telefax

Ein Rechtsanwalt ist verpflichtet, durch entsprechende organisatorische Maßnahmen, Fehlerquellen bei der Behandlung von Fristsachen in größtmöglichem Umfang auszuschließen.[352] Dabei gelten die Sorgfaltspflichten auch bei der Rechtsmitteleinlegung per Telefax. Hierzu gehört insbesondere eine wirksame Ausgangskontrolle durch die gewährleistet wird, daß fristwahrende Schriftsätze auch tatsächlich rechtzeitig hinausgehen.[353] In diesem Rahmen hat der Anwalt vor allem dafür Sorge zu tragen, daß im Anschluß an den Sendevorgang ein Sendebericht erstellt und auf Übermittlungsstörungen überprüft wird.[354] Von einer derartigen Überprüfung des Sendeberichts darf auch nicht abgesehen werden, wenn das verwendete Telefaxgerät auf Übertragungsfehler durch akustische Signale hinweist. Auch der wohl etwas fadenscheinige Einwand, daß Sendeberichte, welche nach jedem Sendevorgang angefordert werden müssen, den beabsichtigten Fortschritt (Eindämmung sinnloser Papierflut) ins Gegenteil verkehren würde, weil ein Sendebericht nur auf DIN-A-4-Blättern ausgedruckt würde, konnte den BGH nicht von einem fehlenden Organisationsverschulden überzeugen.[355]

Ferner darf ein Übermittlungsvorgang erst dann als abgeschlossen angesehen werden, wenn sich der Absender von der ordnungsgemäßen und vollständigen Übermittlung überzeugt hat.[356] Hierzu hat der Rechtsanwalt den Sendebericht hinsichtlich der maßgeblichen Vorgänge wie Anzahl der übermittelten Seiten,[357] Empfängerkennung, Orts- und Zeitangabe sowie Sendedauer zu überprüfen oder überprüfen zu lassen. Eine wirksame Ausgangskontrolle durch den Anwalt setzt dabei letztlich voraus, daß er sein Personal anweist, die Fristen erst dann zu löschen, wenn das Telefaxgerät einen Sendebericht ausgedruckt hat, der die Übertragung der entsprechenden Anzahl von Seiten belegt.[358] Fehlt ein solcher Nachweis, wird ein Organisationsverschulden des prozeßbevollmächtigten

---

352 Vgl. dazu BGH, NJW 1994, 2300; BayObLG, NJW 1995, 668.

353 Zur Ausgangskontrolle vgl. BGH, NJW 1990, 187; vgl. auch *Henneke*, NJW 1998, 2194, 2195.

354 Vgl. BGH, NJW 1993, 1655.

355 So BGH, NJW 1993, 1655.

356 Eingehend *Ebnet*, JZ 1996, 507, 510.

357 So können auch Fehler beim Einzug (zwei Blätter gleichzeitg) erkannt werden, vgl. OLG Naumburg, NJW 1993, 2543.

358 Vgl. BGH, NJW 1994, 1879, 1880; BGH, NJW 1990, 187 f.; BGH, FamRZ 1995, 1135, 1136; *Peter/Schmittmann*, JA 1995, 516, 520.

Rechtsmittelführers vermutet, für welches dieser einzustehen hat, was wiederum der Wiedereinsetzung in den vorigen Stand entgegensteht.[359] Auch die ausdrückliche und wiederholte Weisung an die langjährige und sorgfältig ausgesuchte Angestellte, daß der Schriftsatz noch am selben Tage gefaxt werden müsse, reicht nicht zur Gewährung der Wiedereinsetzung in den vorigen Stand aus, wenn der Anwalt die Möglichkeit der Überprüfung durch einen ausgedruckten Sendebericht nicht wahrnimmt.[360] Unterläuft dem Büropersonal also ein Bedienungsfehler bei der Übermittlung, hängt die Wiedereinsetzung davon ab, ob der Anwalt seine Organisations- und Kontrollpflichten verletzt hat.[361]

b. Übersendung eines Telefax an einen falschen Telefaxanschluß

Anwaltlicher Sorgfalt bedarf bereits die Ermittlung der Telefaxnummer des zuständigen Gerichts.[362] So ist ein Anwaltsverschulden anzunehmen, wenn ein geänderter Gerichtsanschluß nicht beachtet und die frühere Nummer gewählt wird, obgleich der alte Anschluß vom Gericht schon seit Jahren nicht mehr genutzt wird.[363] Kennt der Prozeßbevollmächtigte die Nummer nicht, hat er diese grundsätzlich einem gebräuchlichem Verzeichnis[364] zu entnehmen.[365] Eine bloße Nachfrage bei der Auskunft der Telekom erfüllt dagegen die Sorgfaltspflicht weder, wenn der Rechtsanwalt die Auskunft selbst, noch, wenn er sie durch eine Büroangestellte einholen läßt, da im Hinblick auf die Vielzahl der gerichtlichen Telefaxanschlüsse und der Gefahr von Irrtümern infolge von Sprech- und Hörfehlern eine erhöhte Verwechslungsgefahr besteht.[366] Grundsätzlich kann der Rechtsanwalt jedoch für die Ermittlung und Eingabe der Telefaxnummer zuverlässiges Personal beauftragen, da dies eine büromäßige Aufgabe ohne jeden Bezug zu Rechtsfragen ist.[367]

---

[359] BGH, NJW 1993, 732; 1990, 187.

[360] BGH, NJW 1990, 187.

[361] So auch *Ebnet*, JZ 1996, 507, 510.

[362] Jüngst BGH, DStR 1999, 77.

[363] Vgl. LG Frankfurt, NJW 1992, 3043, 3044; OLG München, CR 1994, 164; zur Datensicherheit nach einem Anschlußwechsel vgl. *Reus*, MDR 1994, 1167 ff.

[364] Z.B. amtliches Telefaxverzeichnis; Verzeichnis der RA-Kammer.

[365] Vgl. BGH, NJW-RR 1988, 893; BGH, NJW 1994, 2300.

[366] Vgl. dazu etwa BGH, NJW 1994, 2300, vgl. auch BGH, NJW 1989, 589: dort wurde als Wiedereinsetzungsgrund das Fristversäumnis anerkannt, welches darauf beruhte, daß dem Rechtsanwalt von der Telefonzentrale des Berufungsgerichts eine falsche Telefaxnummer des gerichtlichen Empfangsgeräts angegeben worden ist.

[367] So BGH, NJW 1995, 2105, 2106 = MDR 1995, 962; BGH, NJW 1994, 329; ebenso BVerfG, NJW 1996, 309; OLG München, NJW-RR 1994, 1201; sowie *Laghaouo/Wirges*, MDR 1996, 230, 234; a.A. *Ebnet*, NJW 1992, 2985, 2988.

Die ihm obliegende Sorgfaltspflicht hat der Verteidiger oder Rechtsanwalt ferner nicht erfüllt, wenn fristgebundene Dokumente – wegen Unauffindbarkeit der richtigen Telefaxnummer – in der Hoffnung auf Weiterleitung bewußt an ein unzuständiges Gericht oder die Staatsanwaltschaft übermittelt werden.[368] Die Verantwortung der fristgerechten Einlegung kann der Rechtsanwalt nicht auf die nicht zuständige Behörde abwälzen. Er darf lediglich darauf vertrauen, daß die Behörde den Schriftsatz auf normalem Geschäftsgang weiterleitet, was nicht bedeutet, daß sie außerordentliche Maßnahmen ergreift, um die Frist einzuhalten.[369]

c. Probleme bei der vollständigen Ausnutzung der Frist

Schuldhaft handelt nicht, wer die Frist bis zu ihrer Grenze ausnutzen will, da hierzu jeder berechtigt ist.[370] Eine Übermittlung kurz vor Fristablauf unterliegt allerdings einer erhöhten Sorgfaltspflicht, so daß alle noch möglichen und zumutbaren Maßnahmen zu ergreifen sind, um den Schriftsatz noch rechtzeitig dem Gericht zu übermitteln.[371] Alles Mögliche ist bei der Telefaxübersendung erst dann getan, wenn die Übermittlung reibungslos verlaufen ist und keine Anhaltspunkte für eine fehlerhafte Übermittlung bestehen.[372] Bei einer Unterbrechung des Faxvorgangs muß der Rechtsanwalt – zur Erfüllung seiner Sorgfaltspflicht – bei Gericht klären, in welchem Umfang der Schriftsatz eingegangen ist oder den gesamten Schriftsatz noch einmal übertragen.[373]

3. Risikoverteilung bei technischem Versagen

Es stellt sich die Frage, wie ein plötzliches Versagen des Telefaxgerätes vor Fristablauf zu beurteilen ist.[374] Besondere Bedeutung kommt dabei dem unvorhersehbaren Defekt des Absendetelefaxgerätes zu. Während teilweise vertreten wird, daß die Möglichkeit einer technischen Störung des eigenen Faxgerätes vom Anwalt stets beachtet und folglich entsprechende Vorsorgemaßnahmen getroffen werden müssen,[375] stellen andere auf die Vorhersehbarkeit des Defekts

---

[368] Vgl. *Laghzaoui/Wirges*, MDR 1996, 230, 234.
[369] So bereits BGH, NJW 1987, 440, 441.
[370] So auch *Kleinknecht/Meyer-Goßner*, § 44 Rn. 12; BVerfGE 41, 323, 328 = NJW 1976, 747; BVerfGE 69, 381, 385 = NJW 1986, 244.
[371] Vgl. etwa BAG, NJW 1995, 743.
[372] Bei dreiminütiger Unterbrechung des Faxvorgangs sei dies nicht der Fall, vgl. LG Würzburg, NJW-RR 1992, 702.
[373] So auch OLG Brandenburg, MDR 1998, 932.
[374] Zur Haftung der Telekom vgl. *Statz,* MDR 1995, 236, 237.
[375] Vgl. dazu OLG Köln, NJW 1989, 594, 595; OLG München, NJW 1991, 303; *Hansens*, NJW 1992, 1353, 1361.

ab.[376] Der Defekt des Telefaxgerätes ist nach letzterer Auffassung dem Rechtsanwalt nur dann anzulasten, wenn dieser entweder vorhersehbar war oder zu einem Zeitpunkt auftrat, zu dem noch Abhilfe durch anderweitige Übermittlungsversuche möglich waren.[377] Dieser Ansatz ist überzeugend. Sind doch die Anforderungen an die im Verkehr erforderliche Sorgfalt den Gegebenheiten der modernen Kommunikationsmittel anzupassen. Hingegen wäre es verfehlt, die Nutzung dieser Mittel zu einer erhöhten Risikoübernahme führen zu lassen. Vielmehr muß in Fällen, in denen unerwartet die Übermittlung des Schriftsatzes wegen eines – für den Rechtsanwalt im Vorfeld nicht erkennbaren – technischen Defektes des Faxgerätes scheitert, die gleiche Risikoverteilung gelten wie in Fällen, in denen eine Zustellung eines Schriftsatzes infolge eines anderen unabwendbaren Zufalles scheitert.[378]

C. Beweis des Zugangs eines dem Gericht mittels Telefax übersandten Schriftsatzes

Geht ein Schriftsatz bei Gericht nicht ein oder bleibt der Eingang der Schrift nach Ausschöpfung aller Erkenntnisquellen unaufklärbar, geht dies zu Lasten des Rechtsmittelführers mit der Folge, daß sein Rechtsmittel unzulässig ist.[379] Auch bei der Nutzung eines Telefaxgerätes muß der Absender den Zugang seines abgesendeten Fax bei Gericht beweisen, da der Beweis der Fristwahrung demjenigen obliegt, der sich auf sie beruft.[380] Insoweit gilt nichts anderes als bei der Versendung von Rechtsmittelschriften auf dem Postwege oder auf sonstige Weise.[381] Die besondere Schwierigkeit für den Beweis der Fristwahrung bei der Übersendung via Telefax ergibt sich daraus, daß der Zugang eines Telefax erst angenommen wird, wenn die Telekopie beim Empfänger vollständig ausgedruckt wurde.[382] Teilweise wird daher zur Beweiserleichterung vorgeschlagen, daß mit dem Beweis der Absendung des Telefax unter normalen Umständen von dessen Zugang auszugehen sei und daher das Sendeprotokoll einen Beweis liefere, sofern es zu keiner Fehlermeldung kommt.[383]

---

[376] So BSG, MDR 1993, 904.

[377] Eingehend BSG, MDR 1993, 904; *Laghzaoui/Wirges*, MDR 1996, 230, 235.

[378] So auch *Laghzaoui/Wirges*, MDR 1996, 230, 235.

[379] Vgl. OLG Karlsruhe, NStZ 1994, 200, 201; OLG Hamm, NStZ 1982, 43, 44.

[380] Vgl. BGH, NJW 1995, 665, 666 = MDR 1995, 952, 953.

[381] So OLG Karlsruhe, NStZ 1994, 200, 201.

[382] Dazu BGH, NJW 1994, 2097; 1994, 1881, 1882; a.A. *Burgard*, BB 1995, 222, 223, der den Zugang bei bloßen Signaleingang bejaht.

[383] Vgl. OLG München, NJW 1994, 527; LG Hamburg, NJW-RR 1994, 1486; KG, CR 1994, 164; *Burgard*, BB 1995, 222, 223; *Ebnet*, NJW 1992, 2985, 2988.

I. Sendebericht

1. Begriffsbestimmung

Die Grunddaten jedes Sendevorgangs werden im Telefaxgerät gespeichert und können als Ausdruck abgerufen werden. Ein jedes Telefaxgerät verfügt dabei über eine Gerätekennung. Diese setzt sich aus der Landes-, der Ortsnetzkennzahl und der Telefaxnummer zusammen. Mit der richtig programmierten Kennung kann das Sende- und Empfangsgerät identifiziert werden.[384] So wird am Empfangsgerät die Sendekennung und der Empfangszeitpunkt auf die Telekopie gedruckt. Beim Sendegerät wird die Empfängerkennung angezeigt und gespeichert und kann im Sendeprotokoll ausgedruckt werden. Neben der Empfängerkennung wird im Journal die Sendenummer, Orts- und Zeitangaben, Anzahl der Seiten und die Sendedauer protokolliert. Da das Sendeprotokoll nach jeder Übertragung ausgedruckt werden kann, ist ein Beweis des Absendens eines Telefax nach jeder Übertragung möglich.

2. Manipulationsmöglichkeit

Es bestehen vielfältige Manipulationsmöglichkeiten in sämtlichen Stadien der Übermittlung.[385] Insbesondere besteht eine erhöhte Gefahr der Manipulation bei der Unterschrift, der Absenderkennung und dem Sendeprotokoll.

a. Fälschung der Absenderkennung

Der Kopf eines Telefax beinhaltet das Datum, die Uhrzeit und die Rufnummer beider Anschlüsse. Diese Kennung kann vom Absender beliebig eingestellt werden, so daß auch falsche Werte ausgewiesen werden können.[386] Es besteht jedoch kein öffentlicher Telefaxdienst im klassischen Sinne mehr, so daß auch keine Verpflichtung für den einzelnen Benutzer eines Telefaxgerätes besteht, sich durch korrektes Einstellen der Gerätekennung als Absender oder Empfänger eines Telefax zu identifizieren.[387] Obgleich es im Geschäfts- und Rechtsverkehr wünschenswert wäre, hat die Deutsche Telekom AG auch keine Handhabe, den am Telefaxverkehr Beteiligten entsprechende Pflichten aufzuerlegen. Dies folgt daraus, daß sich ihre Leistung bei der Übermittlung von Fernkopien ausschließlich auf die Verbindung im Netz beschränkt und ihr daher Einflüsse auf

---

384 Eingehend *Ebnet*, NJW 1992, 2985.

385 Vgl. LG Darmstadt, NJW 1993, 2448; *Ebnet*, JZ 1996, 507 ff.; *Mellulis*, MDR 1994, 109; *Zielinski*, CR 1995, 286 ff.; zu rechtssicheren Faxen (d.h. mit Empfangsbestätigung) vgl. VDI Nachrichten vom 2. Juni 2000, Nr. 22, S. 37.

386 Ausführlich *Tschentscher*, CR 1991, 141, 142.

387 Vgl. auch *Statz*, MDR 1995, 236, 237.

den liberalisierten Endgerätebereich verwehrt sind.[388] Da sich mithin das Telefaxgerät ohne größeren Aufwand derart programmieren läßt, daß Datum, Uhrzeit und Rufnummern willkürlich veränderbar sind, kann mit einem Telefaxdokument nicht belegt werden, daß die Nachricht von einem bestimmten Anschluß stammt.[389]

b. Manipulierbarkeit der Unterschrift

Auch die Unterschrift des Absenders läßt sich durch herkömmliche Fälschungsmethoden auf der Vorlage verändern.[390] Zur Vervielfältigung einer Unterschrift auf einer Telekopie genügt es jedoch bereits, die einmal empfangene faksimilierte oder konventionelle Unterschrift auszuschneiden und erneut zu übertragen.[391] Das Faksimile läßt sich mithin im Gegensatz zur Originalunterschrift beliebig oft kopieren, wobei der darüberliegende Text nach Belieben austauschbar ist.

c. Fälschung des Sendeprotokolls

Sendeprotokolle von Faxgeräten und PCs sind auch ohne entsprechenden Sendevorgang ohne weiteres herstellbar und daher für eine schlüssige Beweisführung untauglich.[392] So kann mittels einer Computergraphik eine Protokolltabelle erstellt werden, mit welcher nach der Übersendung an ein zweites Faxgerät eine perfekte Fälschung erzielt werden kann.[393] Auch kann ein einzelner Sendevorgang simuliert werden, indem lediglich die Verbindung mit dem öffentlichen Telefonnetz durch eine Verbindung mit einem zweiten Faxgerät ersetzt wird. Das Sendeprotokoll weist dabei keine Störung auf, sondern bestätigt die Verbindung.

3. Beweiskraft des Sendeberichts

Es stellt sich die Frage der Beweiseignung eines – mit einem „OK-Vermerk" versehenen – Sendeprotokolls.[394]

---

388 Vgl. zur Situation vor der Liberalisierung 1990 *Statz*, MDR 1995, 236.
389 Zur Anschlußauthentizität vgl. *Tschentscher*, CR 1991, 141, 142.
390 Dazu *Ebnet*, JZ 1996, 507; vgl. auch *Gerwin*, JurPC Web-Dok. 23/1998, Abs. 25.
391 So auch *Tschentscher*, CR 1991, 141, 142.
392 Vgl. dazu *Fritsche/Malzer*, DNotZ 1995, 3, 15; *Schmittmann*, DB 1993, 2575, 2576; *Tschentscher*, CR 1991, 141, 142.
393 Vgl. zur Fälschung des Sendeprotokolls *Tschentscher*, CR 1991, 141, 142.
394 Einen neuen Standard (DTS) zur Sicherstellung der Beweiskraft eines Sendeprotokolls diskutiert *Wuermeling* in NJW-CoR 1996, 231 ff.

a. Sendebericht als Zugangsbeweis

Befürworter einer Beweiserleichterung ziehen in Bezug auf den Sendebericht die Grundsätze des Anscheinsbeweises heran:[395] Steht demnach ein Sachverhalt fest, der nach der Lebenserfahrung auf einen bestimmten Geschehensablauf hinweist, so sei dieser regelmäßige Verlauf, wenn der Fall das Gepräge des Üblichen und Typischen trage, als bewiesen anzusehen. Zeigt der zuverlässige Sendebericht eines Faxgerätes also eine einwandfreie Übertragung an, so könne sich der Absender auf das Zustandekommen der Verbindung verlassen.

Das *OLG München*[396] hat mit Beschluß vom 8.10.1998 diese Ansicht nochmals aufgegriffen und dargelegt, daß ein solcher OK-Vermerk nicht bloß ein Indiz für den Zugang beim Empfänger sei, sondern angesichts der inzwischen hohen Übertragungssicherheit einen Beweis des ersten Anscheins rechtfertige. Der Prozeßgegner besitze die zumutbare Möglichkeit, durch Vorlage der eigenen Übertragungsaufzeichnung, aus dem sich ein Übertragungsfehler ergibt, einen abweichenden Geschehensablauf vorzutragen.

b. Keine Beweisfunktion des Sendeberichts

Dieser Auffassung ist der *BGH* nicht gefolgt:[397] Die Absendung des Telefax rechtfertige gerade keinen Anscheinsbeweis[398] für seinen Zugang. Gegen die Annahme eines Anscheinsbeweises spreche schon, daß bloße Wahrscheinlichkeiten für den Zugang der Telekopie nicht ausreichend seien, da der erforderliche typische Geschehensablauf bei einer nur vermuteten hohen Verbindungs- und Übertragungssicherheit nicht gegeben sei. Auch die Manipulationsmöglichkeiten seien einer Heranziehung der Grundsätze des Anscheinsbeweises entgegenzuhalten. Insoweit könnte Telefaxprotokollen lediglich eine Indizwirkung zugemessen werden.[399]

---

395 Vgl. OLG München, NJW-CoR 1999, 367.

396 In NJW-CoR 1999, 367; ähnlich bereits *Ebnet*, NJW 1992, 2985, 2988.

397 BGH, NJW 1995, 665, 666 = MDR 1995, 952, 953.

398 Vgl. dazu *Thomas/Putzo*, § 286 Rn. 12, die darlegen, daß sich für die Annahme eines Anscheinsbeweises, aufgrund der festgestellten Einzelumstände und besonderen Merkmale des Sachverhalts, ein für die zu beweisende Tatsache nach der Lebenserfahrung typischer Geschehensablauf ergeben muß. Dann kann von einer feststehenden Ursache auf einen bestimmten Erfolg oder umgekehrt geschlossen werden.

399 So auch OLG Dresden, NJW-RR 1994, 1485; OLG Köln, BB 1995, 2442, 2443; LG Darmstadt, NJW 1993, 2448; statt vieler *Gerwin*, JurPC Web-Dok. 23/1998, Abs. 7 ff.; *Heun*, CR 1994, 595, 599; *Laghzaui/Wirges*, MDR 1996, 230, 231.

c. Eidesstattliche Versicherung

Einen Ausweg könnte die Eidesstattliche Versicherung des Rechtsanwaltes oder der Mitarbeiter bieten. Die Versicherung, daß der Schriftsatz fristgerecht gefaxt wurde, ist jedoch vom *BGH* zum Beweis als nicht ausreichend angesehen worden:[400] Die Eidesstattliche Versicherung des Rechtsanwaltes oder der Bürokraft, sie habe sich anhand des Kontrollausdrucks von der ordnungsgemäßen Funktion und dem richtigen Empfänger überzeugt, führe in Verbindung mit dem Sendeprotokoll jedoch zu einer Möglichkeit der Wiedereinsetzung in den vorigen Stand.

II. Empfangsbekenntnis

Der wohl sicherste Beweis eines Zugangs ist die Vorlage einer Empfangsbestätigung.[401] Daher erscheint es empfehlenswert, den Eingang von fristgebundenen Schriftsätzen, welche per Telefax an das zuständige Gericht gesendet wurden, durch ein entsprechendes Empfangsbekenntnis von der Eingangsgeschäftsstelle bestätigen zu lassen. Dies kann freilich nur innerhalb der Dienstzeiten erbeten werden und stellt damit oftmals keine geeignete Sicherungsmöglichkeit dar.

III. Diskussion

Grundsätzlich ist der Auffassung zuzustimmen, wonach das Sendeprotokoll keinen zuverlässigen Beweis für den Zugang eines Schriftstückes darstellt. Selbst wenn unterstellt wird, daß der Sendebericht die korrekten Daten aufweist, ergibt sich aus der natürlichen Funktion eines Sendeberichts, daß er lediglich geeignet ist, Beweis darüber zu führen, daß zwischen den Telefaxgeräten des Anwaltsbüros und des Gerichts zum betreffenden Zeitpunkt eine Übertragung durchgeführt worden ist.[402] Schon die für den Zugang entscheidende Frage, ob diese Übertragung auch auf der Empfängerseite zu einem Ausdruck[403] geführt hat und welchen Gegenstand die Übertragung hatte, läßt sich allein aufgrund des Sendeberichts nicht beantworten.[404] Die Vorlage des Sendeprotokolls beweist lediglich das Zustandekommen der Verbindung.[405] Daher kann allein aufgrund des Sendeberichts keine Zugangsfiktion erfolgen.

---

400 BGH, NJW 1993, 732.

401 So auch *Pape/Notthoff*, NJW 1999, 417, 426.

402 So auch *Ebbing*, CR 1996, 271, 277; sowie *Henneke*, NJW 1998, 2194, 2195.

403 Vgl. Gliederungspunkt 2. Abschnitt, A., II., 2., a.

404 Dazu OLG Karlsruhe, NStZ 1994, 200, 201.

405 Vgl. BGH, NJW 1993, 732; OLG Düsseldorf, NJW 1995, 2303; OLG Köln, NJW 1995, 1228; *Ebnet*, JZ 1996, 507, 509.

Vielmehr ist durch eine sachgerechte Anwendung der Vorschriften über die Wiedereinsetzung in den vorigen Stand ein Ausgleich zu schaffen, um sicherzustellen, daß technische Fehler bei der Übertragung von Rechtsmittelschriften im Ergebnis nicht zu Lasten des rechtssuchenden Bürgers gehen. Der Ausdruck eines Sendeberichts ist damit insofern von Bedeutung, als eine Wiedereinsetzung in den vorigen Stand begehrt wird. Ein Rechtsanwalt muß daher – um seiner Sorgfaltspflicht nachzukommen – für eine wirksame Ausgangskontrolle sorgen.

Es stellt sich jedoch die Frage, ob ein Beweis für den Zugang auch abzulehnen ist, wenn zum Sendebericht weitere Beweismomente hinzutreten.[406] In Betracht kommt eine Bestätigung durch das Empfangsjournal, welches sich in dem Faxgerät des Empfängers befindet und den Eingang einer bestimmten Anzahl an Seiten von der Nummer des Absendegeräts aufweisen kann. Zum Teil wird auch in diesem Fall eine Zugangsfiktion verneint, weil eine Störung im Empfangsprotokoll nicht ausgewiesen sein muß.[407] Andere Gerichte wiederum verneinen – freilich im Zivilrecht – den Beweiswert von Telefaxprotokollen lediglich dann, wenn der Empfänger den Zugang bestreitet und ein Kommunikationsjournal vorlegt, welches das in Rede stehende Fax als *nicht* eingegangen ausweist.[408] In der Literatur wird die Annahme einer Beweiserleichterung oder Umkehr aufgrund der Gefahr von technischen Störungen und Manipulationsmöglichkeiten großteils abgelehnt.[409] Zugeständnisse werden jedoch zum Teil dahingehend gefordert, daß in diesem Fall vom Empfänger ein substantiierter Vortrag zu verlangen sei, in welchem dargestellt werden müsse, ob überhaupt eine – wie im Empfangsprotokoll ausgewiesene – Telefaxsendung eingegangen ist und von welcher Beschaffenheit diese war.[410]

Diesem Ansatz ist zuzustimmen. Sobald die Anzahl der Seiten und der Aussteller auch auf dem Journal des Empfängers sichtbar sind, kann davon ausgegangen werden, daß ein Zugang erfolgt ist. Daher ist über eine Wiedereinsetzungsmöglichkeit hinaus der Zugang des Schriftstücks auch anzuerkennen. Aus der Tatsache alleine, daß kein Beweis über den tatsächlichen Inhalt des Fax besteht, läßt sich der Zugang nicht verneinen. Hier bietet sich vielmehr ein Vergleich zum Briefverkehr an.[411] Während einem Absendenachweis – trotz anerkannt hoher Zuverlässigkeit des Postdienstes – nur indizielle Bedeutung für den Zugang

---

406 Konstruktiv *Laghzaoui/Wirges*, MDR 1996, 230, 231.
407 Vgl. etwa OLG München, NJW 1993, 2447, 2448.
408 So auch LG Darmstadt, NJW 1993, 2448.
409 Darstellend *Jaeger*, CR 1994, 155, 156; *Laghzaoui/Wirges*, MDR 1996, 230, 231.
410 Vgl. dazu *Jaeger*, CR 1994, 155, 156.
411 Vgl OLG Dresden, NJW-RR 1994, 1485, 1486; so auch *Laghzaoui/Wirges*, MDR 1996, 230, 231.

beim Empfänger zukommt, wird bei einem Einschreiben mit Rückschein der Zugang angenommen.

Die Anwendung der Grundsätze hinsichtlich des Einschreibens mit Rückschein auf die Behandlung des Sendeprotokolls wird jedoch zum Teil abgelehnt, weil das Einschreiben mit Rückschein von dritter Stelle (Postdienst) mitdokumentiert werde.[412] Dies treffe für das Sendeprotokoll nicht zu. Dem kann jedoch nicht gefolgt werden. Wird doch die Bestätigung des Postbeamten beim Telefax durch den Vermerk im Protokoll des Empfängerfaxgerätes ersetzt. Darüber hinaus liegt eine beachtliche Gemeinsamkeit dieser Versendungsarten darin, daß eine Empfangsbestätigung existiert.[413] Außerhalb der Sphäre des Absenders wird ein Nachweis darüber geführt, daß eine bestimmte Anzahl von Seiten an einen bestimmten Empfänger von einem bestimmten Absender eingegangen sind.

Die Tatsache, daß zwar die Anzahl der Seiten, nicht aber deren Inhalt bestätigt wird, bleibt zwar unantastbar. Jedoch kann auch der Empfänger einer Einschreibesendung vortragen, er habe nur einen leeren Briefumschlag erhalten. Eine solche Einlassung wird vor Gericht wohl kaum Erfolg haben, wenn der Empfänger nicht direkt Schritte unternommen hat, um den Inhalt zu erforschen oder den Absender zu benachrichtigen.[414]

Gleiches muß auch für den Faxverkehr gelten. So sind von den Gerichten die Faxgeräte, an denen Rechtsmittel und deren Begründungen eingehen, anhand des Empfangsjournals zu überprüfen. Soweit das Gerät fehlerfrei ist und darüber hinaus eine ausreichende Papiermenge eingelegt wurde, dürfte kein Fehler derart auftreten, daß zwar ein Vermerk im Empfangsjournal eingetragen, jedoch kein Ankunftstelefax ausgedruckt wurde. Zumindest der Ausdruck unleserlicher Seiten oder einer Fehlermeldung sind anzunehmen. Dies müßte sodann angezeigt werden. Aus der Kombination von Sendeprotokoll des Absenders und Journal des Empfängers würde sich dann ein zuverlässiger Zugangsnachweis ergeben. Für die seltenen Fälle jedoch, in denen das Empfangsgerät unbemerkt den Schriftsatz nicht ausdruckt, wohl aber die Versendung durch das Sendeprotokoll des Absenderfaxgerätes und die Ankunft in Form eines Nachweises auf dem Journal des Empfängergerätes dokumentiert wurde, ist von einem Zugang auszugehen.

Lediglich der Einwand, daß der Schriftsatz erst zugegangen sei, wenn der Ausdruck vorliegt, könnte dem Beweiswert entgegenstehen, da z.B. bei einem Pa-

---

412 So *Heun*, CR 1994, 595, 599; *Laghzaoui/Wirges*, MDR 1996, 230, 231; a.A. *Jaeger*, CR 1994, 155.

413 Vgl. *Jaeger*, CR 1994, 155, 156.

414 Vgl. dazu *Jaeger*, CR 1994, 155, 156.

piermangel oder einer falschen Einstellung im Empfängerfaxgerät zwar der Nachweis auf dem Empfangsprotokoll zu sehen ist, ein Ausdruck jedoch nicht erfolgte. Dazu kann jedoch die – von der Rechtsprechung[415] anerkannte – Zugangsfiktion herangezogen werden, welche Anwendung findet, wenn der Schriftsatz im Empfangsgerät rechtzeitig gespeichert wurde und für den Rechtssuchenden nicht erkennbar ist, daß ein Ausdruck – z.B. aufgrund mangelnden Papiervorrats – nicht erfolgte.

Da die Manipulationsmöglichkeiten, welche einen Nachweis sowohl auf dem Sendeprotokoll des Absenders als auch auf dem Protokoll des Empfangsgerätes produzieren, sehr gering sind, ist bei einem identischen Nachweis von einem rechtzeitigen Zugang des Schriftstückes auszugehen.

415 Vgl. dazu BVerfG, NJW 1996, 2857; BVerfGE 69, 381, 385 ff.; BGH, NJW 1994, 1881, 1882; VGH Mannheim, NJW 1994, 538.

3. Kapitel: Neue Medien

1. Abschnitt: Computerfax

Moderne Büroführung vermeidet in zunehmendem Umfang die körperliche Erstellung von Schriftstücken. Dies wirkt sich freilich auch auf das „Faxverhalten“ aus. So werden die Schriftsätze mit einem Textverarbeitungsprogramm am PC erstellt, gespeichert und – anstatt den Ausdruck seinerseits wiederum in ein Faxgerät zu legen, um es weiterzuleiten – direkt vom PC aus zum Empfängercomputer übersandt.[416] Diese Schriftsätze können nach Belieben ergänzt, verändert oder vervollständigt (z.B. durch das Einscannen[417] relevanter körperlicher Urkunden) werden.

A. Begriffsbestimmung und Unterzeichnungsmöglichkeiten

I. Begriffsbestimmung

Die Übersendung von Nachrichten mittels eines Computers auf direktem Wege an einen zweiten Computer ist neben der Versendung per E-Mail auch per Computerfax möglich. Dazu wird ein Modem oder ein ISDN-Gerät benötigt, welches über die Telefonbuchse mit dem Telefonnetz verbunden ist. Anders als bei herkömmlichen Faxgeräten ist bei der Nutzung eines Faxmodems dabei weder ein Ausdruck zum Zweck der Versendung erforderlich,[418] noch muß das Schriftstück zwingend beim Empfänger ausgedruckt werden.[419] Auf diesem Wege (insbesondere auch durch verbesserte Technologien, wie z.B. ISDN) ist auch eine kostengünstige Versendung umfangreicher Akten[420] mit Grafikelementen innerhalb weniger Minuten weltweit möglich.

---

416 So auch *Ebbing*, CR 1996, 271, 273.

417 Fototechnische Umwandlung von optischen Daten in digitale Computersignale.

418 Vgl. z.B. *Schmid*, CR 1999, 609.

419 So, wenn das Empfangsgerät ein Computer ist.

420 In einer empirischen Untersuchung stellt *Barton* auf S. 104 die Länge der Revisionsbegründungsschriften dar: Das Spektrum geht von einer Seite bis zu 123 Seiten, wobei die Durchschittslänge der Anklagerevisionsbegründung 11 Seiten umfaßt.

II. Unterzeichnungsmöglichkeiten beim Computerfax

1. Einscannen des unterzeichneten Schriftsatzes

Zum einen besteht bei der Nutzung eines Computerfax die Möglichkeit – wie auch bei einem herkömmlichen Telefaxgerät – ein bereits unterzeichnetes Schriftstück einzuscannen. Dazu muß der eingegebene Text zunächst ausgedruckt und eigenhändig unterschrieben werden. Im Anschluß daran wird das gesamte Dokument (Text und Unterschrift) mit einem Scanner in den Computer eingelesen. Diese Datei kann dann per Datenübertragung wahlweise an ein herkömmliches Faxgerät oder einen – mit einem Modem und einem speziell für das Versenden und Empfangen von Faxen via Computer konzipierten Programms ausgestatteten – PC[421] übermittelt werden.

2. Zusammensetzen von Textbausteinen

Eine andere Möglichkeit, den Schriftsatz auf der Empfängerseite als unterzeichnetes Fax erscheinen zu lassen, ist die Zusammensetzung von Textbausteinen. Sofern der Schriftsatz in den Computer eingegeben wird, ist es nicht mehr notwendig, diesen zur Unterzeichnung erst ausdrucken zu lassen. Vielmehr ist es möglich, daß die eigenhändige Unterschrift einmal eingescannt und im Computer gespeichert wird. Bei jedem neuen Text kann die Unterschrift sodann aufgerufen und in den geschriebenen Text eingefügt werden. Das so entstandene Dokument kann folgend an einen PC oder ein Telefaxgerät versendet werden. Diese Methode ist wesentlich zeitsparender und einfacher zu handhaben und bietet daher einige praktische Vorteile gegenüber herkömmlichen Faxgeräten.

III. Bedürfnisse des Rechtsverkehrs

Bisher wurden von der Rechtsprechung etliche Ausnahmen von dem Erfordernis einer eigenhändigen Unterschrift im Interesse der Nutzung des technischen Fortschritts gemacht. Ausschlaggebend war immer, daß sich aus dem unterschreibungspflichtigen Schriftstück selbst oder in Verbindung mit den ihn begleitenden Umständen die Urheberschaft und der Wille, das Schreiben in den Verkehr zu bringen, hinreichend sicher ergab, ohne daß darüber Beweis erhoben werden mußte.[422]

---

[421] Denkbar ist ebenso die Übermittlung an andere Geräte, die für den Faxempfang vorbereitet sind, wie es z.B. auch bei einem Handy möglich ist.

[422] Vgl. BVerwG, NJW 1995, 2121; BSG, MDR 1997, 374.

Für eine weitere Ausnahme sah der *BGH*[423] jedoch keinen Anlaß, da jedermann – insbesondere nahezu jedem Rechtsanwalt – das Telefaxverfahren zur Verfügung stehe, welches die rasche Übermittlung ordnungsgemäß unterzeichneter Schriftsätze auch außerhalb der Dienststunden ermögliche und damit die vollständige Ausnutzung von Klage und Rechtsmittel(begründungs)fristen erlaube. Die zusätzliche Zeitersparnis, welche durch die unmittelbare Übermittlung der den Schriftsatz enthaltenen Datei durch Computerfax oder E-Mail erzielt wird, sei so geringfügig, daß sie die erheblichen Gefahren und Manipulationsmöglichkeiten, die durch den notwendigen Verzicht auf die Unterschrift geschaffen werden, nicht aufwiege.[424]

Zwar kann in der Tat davon ausgegangen werden, daß nahezu jedem Rechtsanwalt ein Telefaxgerät zur Verfügung steht.[425] Immer häufiger handelt es sich jedoch schon jetzt um eine überflüssige Anschaffung, da jeder, der einen Computer mit Anschluß an das Internet und einen Drucker besitzt,[426] damit Faxe versenden, empfangen und ausdrucken kann.[427] Mit einem zusätzlichen Scanner kann darüber hinaus auch das vollständige Schriftstück samt Unterzeichnung – wie ein herkömmliches Dokument – eingescannt werden und über das Telefonnetz zum Empfangsgerät geleitet werden. Die Anschaffung eines Telefaxgerätes wird dadurch hinfällig, zumal die Nutzung der Faxfunktionen des Computers nicht nur weniger Zeit in Anspruch nimmt und überflüssige Kosten durch die Anschaffung und Instandhaltung eines zusätzlichen Gerätes vermeidet, sondern sich auch platzsparend auswirkt. Aufgrund der fortschreitenden Entwicklung wird das herkömmliche Telefaxgerät daher schon bald überholt sein. Auch dieser Fortschritt sollte daher von der Rechtsprechung berücksichtigt werden. Der Meinung, daß für eine weitere Ausnahme kein Anlaß bestehe, ist daher nicht zuzustimmen.

---

423 BGH, NJW 1998, 3649 = WM 1998, 2301 = CR 1999, 144.

424 Ausführlich BGH, CR 1999, 144, 145.

425 Die Anzahl der Telefaxgeräte kann nur geschätzt werden, da die Deutsche Telekom nicht mehr unterscheiden kann, ob bei einer Verbindung ein Telefongespräch, ein Fax, Dateien oder Bilder übertragen werden. Derzeit (April 2000) wird eine Anzahl (in Deutschland) von ca. 9 Mio. Geräten angenommen, so der Pressesprecher der Deutschen Telekom *Walter Genz*.

426 Inzwischen verfügen bereits rund 15 Millionen Bundesbürger über einen Internet-Anschluß, so *Sandl*, CR 2000, 319, 320, der auf die FAZ vom 15.02.2000 verweist.

427 Vgl. dazu *Notthoff*, DStR 1999, 1076; sowie *Schwachheim*, NJW 1999, 621, 623.

B. Meinungsstand

Die Frage, ob ein als Computerfax versandter elektronischer Schriftsatz den Anforderungen genügt, welche die Rechtsprechung an die Form prozessualer Schriftstücke stellt, wurde in Rechtsprechung und Literatur kontrovers diskutiert.

I. Rechtsprechung

In dem Vorlagebeschluß vom 29.09.1998 befaßte sich der *11. Zivilsenat des BGH*[428] mit der Einreichung eines bestimmenden Schriftsatzes mittels Computerfax: Die Revisionsbegründung wurde in dem zu entscheidenden Fall am letzten Tag der Frist durch ein Computerfax mit gesondert eingescannter Unterschrift übermittelt. Diese Rechtsmittelbegründung wies der BGH wegen fehlender Unterschrift zurück:[429] Im Gegensatz zum Telefax sei keine Kopiervorlage vorhanden, die der Anwalt unterzeichnen könnte, da es bei einem Computerfax keines körperlichen Originals bedürfe. Der in diesem Fall vorgenommene Verzicht auf die eigenhändige Unterschrift sei mit dem Gesetz nicht vereinbar, zumal der Verzicht auf die im Gesetz vorgeschriebene Form im Prozeßrecht durch die Bedürfnisse eines effektiven Rechtsschutzes nicht geboten sei.[430]

Hingegen entschied das *Bundesverwaltungsgericht*[431] bereits 1995, daß eine (unterzeichnungsbedürftige) Klageerhebung durch Btx-Mitteilung[432] die Schriftform des § 81 Abs. 1 S. 1 VwGO trotz fehlender Unterschrift wahre. Gestützt wurde diese Auffassung auf die von der Rechtsprechung im Interesse der Nutzung des technischen Fortschritts bereits zugelassenen Ausnahmen von dem eigenhändigen Unterzeichnungserfordernis.[433]

Dem schloß sich das *Bundessozialgericht*[434] im Jahre 1996 an. Die Forderung einer Unterzeichnung sei an die technischen Gegebenheiten anzupassen. Daher sei neben der eingescannten und mittels bloßem Tastendruck eingefügten Unterschrift auch die maschinenschriftliche Angabe des Namens zulässig.

---

428 BGH, NJW 1998, 3649 = WM 1998, 2301 = CR 1999, 144.
429 So bereits das Berufungsgericht OLG Karlsruhe, NJW 1998, 1650, 1651.
430 Ausdrücklich BGH, CR 1999, 144, 145.
431 In NJW 1995, 2121.
432 Heute T-Online.
433 Auch das LAG Mecklenburg-Vorpommern, MDR 1998, 367 hat sich dieser Auffassung angeschlossen.
434 In MDR 1997, 374; vgl. auch *Schmittmann*, Anm. zu LSG Essen, CR 1997, 217, 218.

Die unterschiedliche Auslegung des Grundsatzes der Schriftform für bestimmende Schriftsätze veranlaßte den *11. Zivilsenat des BGH* zur Vorlage an den Gemeinsamen Senat nach § 2 RsprEinhG.[435] Er hält unterschiedliche Anforderungen an die prozeßgestaltenden Schriftsätze nicht für sachgerecht, auch wenn – wie in diesem Fall – unterschiedliche Schriftformerfordernisse[436] berührt sind.[437]

Der *Gemeinsame Senat der obersten Gerichtshöfe des Bundes* entschied daraufhin mit Beschluß vom 5. April 2000, daß bestimmende Schriftsätze in Prozessen mit Vertretungszwang formwirksam durch elektronische Übertragung einer Textdatei mit eingescannter Unterschrift auf ein Faxgerät des Gerichts formwirksam übermittelt werden können.[438] Begründet wurde diese Entscheidung mit der Feststellung, daß Verfahrensvorschriften keinen Selbstzweck darstellen, was in der Vergangenheit bereits durch die Anerkennung des Telegramms und des Telefax gezeigt wurde:[439] Neben der Tatsache, daß auch diese Schriftstücke nicht eigenhändig unterzeichnet werden können, sei zu bedenken, daß der Erklärende auch durch eine eingescannte Unterschrift hinreichend bestimmt sei und eine versehentliche Einreichung eines Computerfaxes wohl kaum anzunehmen sei. Da der Zweck der Schriftform, die Rechtssicherheit und die Verläßlichkeit der Eingabe zu gewährleisten, auch im Falle einer elektronischen Übermittlung gewährleistet werden könne, sei ein per Computerfax eingelegter Schriftsatz als formwirksam anzuerkennen.

II. Literatur

Zumeist aufgrund der Befürchtung, daß die Anerkennung des Computerfax zu einer Aufgabe des Schriftformerfordernisses führen würde, wird die Versendung unterzeichnungsbedürftiger Schriftsätze per Computerfax in Großteilen der Literatur für nicht zulässig erachtet.[440] Eines der Hauptargumente ist, daß die durch ein Computerfax übermittelte eingescannte Unterschrift zum einen keine eigenhändige Unterschrift darstelle.[441] Andererseits bestehe für einer solchen Ausdehnung kein Anlaß, zumal auch dem Interesse an einer möglichst umfassenden Ausschöpfung der Rechtsmittelfristen bereits durch den herkömmlichen Tele-

---

[435] BGH, NJW 1998, 3649.
[436] §§ 151 Abs. 1 SGG; 81 Abs. 1 S. 1 VwGO; 130 Nr. 6 ZPO.
[437] Zustimmend *Schmidt*, BB 1999, 1125.
[438] GmS-OGB 1/98, S. 2; vgl. auch FAZ vom 20. Juli 2000, S. 17 (Nr. 166).
[439] GmS-OGB 1/98, S. 5 ff.
[440] Vgl. *Henneke*, NJW 1998, 2194, 2195; *Melullis*, MDR 1994, 109, 112; *Schmid*, CR 1999, 609, 611; *Schwachheim*, NJW 1999, 621, 623; a.A. *Schmidt*, BB 1999, 1125.
[441] Vgl. dazu *Melullis*, MDR 1994, 109; interessant auch *Volmer*, BB 1999, 1449, 1450.

faxverkehr hinlänglich Rechnung getragen werde.[442] Im übrigen sei das Hinzufügen einer im Computer abgespeicherten Unterschrift nichts anderes als ein Faksimilestempel und daher auch nicht anders zu werten.[443]

C. Diskussion und Stellungnahme

In dem Vorlagebeschluß vom 29.9.1998 weicht der *11. Zivilsenat* des *BGH*[444] in seiner Meinung, daß durch ein Computerfax die zivilprozessuale Schriftform nicht gewahrt werden könne, von den zuvor ergangenen Entscheidungen des BSG und des BFH ab. Zur Begründung führt er an, daß ein Computerfax weder unterschrieben ist, noch ihm – im Gegensatz zum herkömmlichen Telefax – ein ordnungsgemäß unterzeichneter Originalschriftsatz zugrunde liegt. Schließlich entscheidet der Gemeinsame Senat, daß das Computerfax für bestimmende Schriftsätze doch Anerkennung finden soll. Obgleich der Auffassung des BGH ein Großteil der Literatur[445] zustimmte, ist zu diskutieren, ob diese Ansicht tatsächlich vorzugswürdig ist und wie das Computerfax im Strafprozeß für Schriftstücke, welche einer qualifizierten Schriftform bedürfen, zu beurteilen ist.

I. Wahrung von Sinn und Zweck

Zunächst müßte das Computerfax Sinn und Zweck eines eigenhändig unterzeichneten Schriftstücks erfüllen, um eine Gleichbehandlung zu rechtfertigen.

1. Übernahme der Verantwortung

Zunächst ist zu klären, ob auch durch ein Computerfax deutlich wird, daß der Verteidiger oder Rechtsanwalt Verantwortung für den Inhalt des Schriftsatzes übernehmen will und dieses nach außen signalisiert. Aus der Sicht des Rechtsanwalts oder Verteidigers kommt der Abbildung der eigenen Unterzeichnung dieselbe Bedeutung zu, wie eine direkt unter das Schriftstück gesetzte Unterzeichnung, soweit sie als Unterzeichnung im Sinne des Prozeßrechts anerkannt wird und rechtsverbindlich ist. Der Adressat signalisiert durch die bildliche Darstellung seiner Unterschrift unter einem Schriftstück gleich einem eigenhändig unterzeichnetem Schriftsatz, daß er für das Geschriebene die Verantwortung übernimmt. Daß seine Mitwirkung dabei nicht in jedem

---

442 So *Schwachheim*, NJW 1999, 621, 623; anders jedoch *Notthoff*, DStR 1999, 1076, 1077.

443 So bereits *Mellulis*, MDR 1994, 109, 110, sowie Zöller/*Greger*, § 130 Rn. 11.

444 BGH, CR 1999, 144, 145.

445 Vgl *Hennecke*, NJW 1998, 2194, 2195; *Notthoff*, DStR 1999, 1076; *Schwachheim*, NJW 1999, 621, 622; a.A. *Schmidt*, BB 1999, 1125.

Einzelfall, sondern nur einmalig – nämlich beim Einscannen der Unterschrift – zwingend erforderlich ist, stellt dabei keinen Hinderungsgrund dar, da auch der künftige Umgang mit der Datei in der Verantwortung des unterzeichnenden Rechtsanwalts oder Verteidigers liegt.

Auch die Möglichkeit, daß die Datei mit der Unterschrift im Sekretariat des Rechtsanwaltes oder Verteidigers der Sekretärin ständig zugänglich ist und diese ohne Mitwirkung des als Aussteller erkennbaren Rechtsanwalts dessen „Unterschrift" unter ein Schriftstück setzen kann, spricht nicht gegen die Verantwortungsübernahme. Für den Inhalt der Schriften, die mit dem Abbild der Unterzeichnung des Rechtsanwaltes versehen werden, muß sich der Anwalt verantwortlich zeigen. Daher ist ihm auch zuzumuten, die Organisation seiner Kanzlei so zu gestalten, daß z.B. die Versendung von Computerfaxen ausschließlich nach seiner Zustimmung erfolgt. Wie im Einzelnen die Vorlage und Versendung der unterzeichnungsbedürftigen Schriftstücke durch das Büro praktisch geregelt wird, bleibt dem Rechtsanwalt selbst überlassen.

2. Kein Entwurf

Die Wahrscheinlichkeit ist groß, daß auch „unterzeichnete" Schriftsätze abgeschickt werden können, die der Rechtsanwalt nicht nochmals überprüft hat, da die eingescannte Unterschrift dem Sekretariat zur Verfügung steht. Eine irrtümliche Einreichung bloßer Schriftsatzentwürfe kann daher beim Versenden einer eingescannten Unterschrift verstärkt auftreten.[446] Obwohl auch die eigenhändige Unterzeichnung bei einer Blankounterschrift das Risiko in sich birgt, daß ein Entwurf auf das vorgefertigte Papier gedruckt wird, ist die Gefahr bei der Verwendung eines Computerfax ungleich höher. Während Blankounterschriften nur in Ausnahmefällen geleistet werden, ist es wahrscheinlich, daß der Textbaustein mit der Unterzeichnung des Rechtsanwalts dem Sekretariat regelmäßig zur Verfügung steht. Dadurch erhöht sich die Gefahr, daß „unterzeichnete" Schriftstücke ohne das nochmalige Durchlesen des Rechtsanwaltes abgeschickt werden. Auch eine Beschränkung der Nutzung auf Notfälle oder urlaubsbedingte Ausfälle kann nicht vor der Absendung von Entwürfen schützen. So muß in Eilfällen das Sekretariat darüber entscheiden, ob der – womöglich aus den Dateien des Rechtsanwaltes herausgesuchte – Schriftsatz durch das Hinzufügen der vorhandenen Unterzeichnung Wirksamkeit erlangt. Dies kann jedoch nur von einem Rechtskundigen geleistet werden.

---

[446] Dazu *Volmer*, BB 1999, 1449, der darauf hinweist, daß die ZPO nicht dem Selbstschutz solcher Rechtsanwälte dient, die ihren Büroablauf nicht ordnungsgemäß eingerichtet haben.

Die Wahrscheinlichkeit, daß das Schriftstück vom Rechtskundigen ungesehen, durch das Sekretariat „unterzeichnet“ und versendet wird und damit verbunden ein Entwurf zu Gericht gelangen kann, wird durch die Anerkennung des Computerfax (zumindest beim Zusammensetzen von Textbausteinen) ungleich erhöht. Mithin kann ein derart zustande gekommenes Computerfax die Funktion der Unterzeichnung, daß Schriftstücke nicht versehentlich in den Rechtsverkehr gebracht werden, nicht in gleichem Maße erfüllen wie eine eigenhändig geleistete Unterzeichnung.

3. Identitätsfunktion

Stellt man jedoch auf die Bedeutung der Unterschrift als Beleg der Urheberschaft ab, so ergeben sich keine Bedenken im Vergleich zur eigenhändigen Unterzeichnung.[447] Gleich einer eigenhändigen Unterschrift weist der Briefkopf in Verbindung mit der bildlichen Wiedergabe der Unterzeichnung den Aussteller des Schreibens aus. Daher ist durch die Abbildung des charakteristischen Namenszuges die Identitätsfunktion durch ein Computerfax genauso gewahrt wie ein per Post versandtes eigenhändig unterzeichnetes Schreiben.

4. Warn- und Schutzfunktion

a. Für den Verteidiger oder Rechtsanwalt

Probleme ergeben sich bei der Warn- und Schutzfunktion insbesondere in Bezug auf das Zusammensetzen von Textbausteinen. Wie bereits dargestellt, bietet die einmal eingescannte Unterzeichnung die Möglichkeit, diese Datei den Mitarbeitern in der Kanzlei zur Verfügung zu stellen. Sollte dies zur täglichen Büropraxis werden, entfällt die Warn- und Schutzfunktion der Unterzeichnung für den Aussteller, dessen Mitwirkung es dann kaum noch bedarf. Das nochmalige Durchsehen des Schriftsatzes vor Unterschriftsleistung ist jedoch ein wichtiger Bestandteil des Sinn und Zwecks der Unterzeichnung.

b. Für den Rechtssuchenden

Die Schutzfunktion für den Angeklagten wurde bereits vom historischen Gesetzgeber festgelegt:[448] Die Schutzwürdigkeit ergebe sich aus der Rechtsnatur der Revision als ein allein auf rechtliche Überprüfung basierendes Rechtsmittels, dessen ordnungsgemäße Begründung die Mitwirkung einer rechtskundigen Person bedarf. Der Rechtssuchende soll vor einer folgenschweren Selbstüberschät-

---

[447] Vgl. *Henneke*, NJW 1998, 2194, 2195, der in dem Fall selbst dann keine Bedenken zulassen würde, wenn jegliche Unterschrift fehlt.

[448] Wiedergegeben bei *Hahn*, S. 255.

zung geschützt werden und durch die Unterzeichnung eines Rechtsanwalts oder Verteidigers „beweisen“, daß er sich eines Rechtskundigen bedient hat.

Es stellt sich daher die Frage, ob die Schutzfunktion für den Rechtssuchenden auch durch ein vom Rechtsanwalt oder Verteidiger genutztes Computerfax erfüllt wird. Dies ist zu bejahen, da der Rechtssuchende auch für eine per Computerfax eingereichte Rechtsmittelbegründungsschrift einen Rechtskundigen konsultieren muß. Unterstützt wird dieses Erfordernis durch die bildliche Wiedergabe der Unterzeichnung des Rechtsanwaltes, da diese dem Angeklagten nicht zur Verfügung steht.

5. Rechts- und Fälschungssicherheit

Ein Nachteil der direkt vom PC mittels eines Modems übertragenen Faxe liegt in der Gefahr des Mißbrauchs und der Fälschung von Unterschriften. Über den Rechner können sämtliche Daten gesondert eingegeben werden, so daß es ohne weiteres möglich ist, eine Unterschrift einmal einzuscannen und diese immer wieder unter unterzeichnungsbedürftige Schriften zu setzen.

Neben der eigenen Unterschrift in Form einer Graphik-Datei kann genausogut eine fremde Unterschrift in das Dokument integriert werden.[449] Verfügt auch der Empfänger über einen PC als Empfangsgerät, wird das zugesandte Schreiben nicht notwendigerweise sofort ausgedruckt, sondern zunächst gespeichert. So ließe sie sich später bei Bedarf mit einem „passenden“ Datum versehen und ausdrucken.[450]

Durch das zugesandte Fax steht dem Adressaten nun auch die Unterschrift des ursprünglichen Absenders in Form einer Graphik zur Verfügung. Diese könnte er, ohne daß Unterschiede zur ursprünglichen Unterschrift erkennbar wären, in einen neuen Text einfügen. Wiederum könnte diese zusammengesetzte Datei dann mit der Unterschrift des Dritten weitergefaxt und der Anschein einer eigenhändig geleisteten Unterschrift erweckt werden.[451] Es entspricht jedoch gerade einem sicheren und schnellen Rechtsschutz, daß Anzweifelungen der Wirksamkeit einer wesentlichen Prozeßhandlung tunlichst zu vermeiden sind.[452] Das Computerfax kann mithin die Rechts- und Fälschungssicherheit nicht gleich einer eigenhändig unterzeichneten Schrift, welche im Original versandt wird, leis-

---

449 Vgl. dazu *Ebbing*, CR 1996, 271, 277.

450 Eingehend *Ebnet*, JZ 1996, 507, 508.

451 Zur Urkundenfälschung bei der Nutzung neuer Medien vgl. *Tröndle/Fischer*, § 267 Rn. 12b.

452 So bereits RGZ 152, 85, 86.

ten. Zu bedenken ist jedoch, daß auch die eigenhändige Unterschrift nicht fälschungssicher ist.

II. Vergleich zu anerkannten Versendungsformen

1. Telegramm

Gemeinsamkeiten von Computerfax und Telegramm liegen darin, daß keine Versendung der Originalunterschrift möglich ist. Um aber dem Rechtssuchenden die Vorzüge der schnelleren Übermittlungsmethoden zu ermöglichen, stellte sich das Reichsgericht auf den Standpunkt, daß die Beamten als Werkzeuge fungieren sollten und somit die Versendbarkeit einer unterzeichneten Schrift bejaht werden konnte. Diese Konstruktion ist auf das Computerfax jedoch nicht anwendbar, da kein menschliches Werkzeug zur Ausführung der Unterzeichnung herangezogen werden kann.

Ferner ist bei der Nutzung der Computerfaxtechnik im Gegensatz zum Telegramm oder Fernschreiben auch möglich, eine Abbildung der Unterschrift zu übermitteln. Daher ist es aufgrund der technischen Gegebenheiten nicht erforderlich, auf die bildliche Wiedergabe der Unterschrift zu verzichten.[453] Mithin ist in der Rechtsprechung zum Telegramm kein gleichgelagerter Fall zu sehen, der bereits gewohnheitsrechtliche Anerkennung erfahren hat.[454]

Darüber hinaus sollte die gewährte Ausnahme der Telegrammübermittlung auch nicht als Maßstab und Vorbild herangezogen werden. Vielmehr als vorbildlich ist die Rechtsprechung des Reichsgerichts[455] zum Telegramm bedenklich, so daß dieser keine wegweisende Funktion für weitere Rechtsfortbildungen im Bereich der Formvorschriften zukommen sollte.[456]

2. Telefax

a. Vergleich mit dem Einscannen des bereits unterschriebenen Schriftstücks

In seiner vielbeachteten und schon mehrfach angesprochenen Entscheidung führt der *11. Zivilsenat des BGH* aus, daß – anders als beim Versand von einem herkömmlichen Telefaxgerät – es beim Computerfax keines körperlichen Origi-

---

453 Vgl. dazu *Schmittmann*, CR 1997, 218.
454 A.A. *Henneke*, NJW 1998, 2194, 2195.
455 Vgl. Gliederungspunkt 2. Kapitel, 1. Abschnitt, A., III.
456 Zur Rechtmitteleinlegung bei der Zivilgerichten vgl. *Volmer*, BB 1999, 1449, 150.

nalschriftstücks bedürfe.[457] In diesem Fall ist keine Kopiervorlage vorhanden, die der Anwalt unterzeichnen kann. An der Unzulässigkeit der Einreichung unterzeichnungsbedürftiger Schriftsätze per Computerfax würde sich auch nichts ändern, wenn der Absender den Text zuvor selbst ausdruckt (und unterzeichnet), da auch dann den Empfänger keine Kopie dieses Schriftstücks erreiche. Zur Begründung wurde darauf verwiesen, daß lediglich die im Computer gespeicherten Zeichen versandt werden, welche beim Empfänger in einem entsprechenden Ausdruck umgesetzt werden.

Der *BGH* verkennt bei dieser Argumentation, daß auch bei einem herkömmlichen Faxgerät keine direkte Kopie bei dem Empfänger ankommt. Wie bereits aufgezeigt,[458] werden die Schriftzeichen bei einem herkömmlichen Faxgerät fotoelektronisch abgetastet und in Rasterpunkte umgewandelt. Diese elektronischen Signale werden über das öffentliche Fernsprechnetz übertragen und erreichen so das Empfangsgerät. Erst dort werden sie wieder rückumgewandelt und in einen entsprechenden Ausdruck umgesetzt. Es erfolgt mithin auch bei der Versendung per Telefax lediglich die Übertragung von Daten.[459]

Zwar ist richtig, daß es zur Versendung eines Schriftsatzes per Computerfax nicht zwingend eines körperlichen Originalschriftstückes bedarf, dies ist jedoch nur bei der Zusammensetzung von Textbausteinen der Fall. Verlangt man jedoch einen vorherigen Ausdruck, welcher unterschrieben und sodann vollständig eingescannt wird, ist eine körperliche Vorlage gegeben. Lebensnah muß die Möglichkeit beachtet werden, daß – aufgrund der fehlenden Unterscheidbarkeit zwischen den dargestellten Unterschriftsmöglichkeiten – wohl auch von dem Zusammensetzen des Textes mit der gespeicherten Unterschrift Gebrauch gemacht wird, auch wenn ausschließlich das Einscannen des bereits unterschriebenen Schriftsatzes anerkannt sein sollte. Dieses Risiko besteht jedoch grundsätzlich auch bei der Nutzung eines herkömmlichen Telefaxgerätes. Mithin ist eine starke Vergleichbarkeit gegeben.

b. Vergleichbarkeit mit dem Zusammensetzen von Textbausteinen

Das Zusammensetzen zweier Dokumente, wie es bei der Nutzung einer bereits eingescannten Unterschrift unter das nicht ausgedruckte Schriftdokument der Fall wäre, ist auch bei der Nutzung des herkömmlichen Telefaxgerätes möglich. Es kann vom Empfänger nicht überprüft werden, ob die zugefaxte Unterschrift tatsächlich an der Stelle des Originals geleistet wurde oder ob – im Wege einer Montage – die Unterschrift einem anderen Schriftstück entnommen und dort

---

457 BGH, NJW 1998, 3649 = WM 1998, 2301 = CR 1999, 144.
458 Vgl. Gliederungspunkt 2. Abschnitt, A., I., 2.
459 Dazu *Notthoff*, DStR 1999, 1076, 1078.

plaziert wurde.[460] Gleiches kann auch mit der Unterschrift eines Dritten vorgenommen werden. Sowohl das ausgeschnittene und aufgeklebte Papierstück, welches die Unterschrift des Dritten enthält, als auch eine auf Folie kopierte Unterschrift, welche sodann über das Schriftstück gelegt wird, bietet gleiche „Unterzeichnungsmöglichkeiten“ bei einem herkömmlichen Telefaxgerät. Bei den moderneren Telefaxgeräten ist es sogar möglich, die einmal geleistete Unterschrift und unter die jeweiligen Schriftstücke zu setzen. Noch einfacher gestaltet es sich, unter dem zu unterzeichnendem Schriftstück mit einem Faksimilestempel die eigenhändige Unterschrift zu ersetzen, was bei einer Versendung mit einem hochwertigen Telefaxgerät kaum erkennbar wäre.[461] Zwar besteht auch beim herkömmlichen Telefaxgerät die Möglichkeit, lediglich das Abbild einer Unterzeichnung zu versenden, ohne daß das bestimmte Original tatsächlich unterzeichnet wurde. Jedoch ist festzuhalten, daß diese Methoden nicht zulässig sind. Daher dürfte konsequenterweise das Zusammensetzen von Textbausteinen – wie auch das Zusammenfügen von Papierteilen – einer eigenhändigen Unterzeichnung nicht gleichstehen.

c. Erkennbarkeit für den Empfänger

Für die Beteiligten ist nicht erkennbar, ob der Versender oder der Empfänger ein herkömmliches Faxgerät oder ein Fax-Modem zur Versendung oder zum Empfang des Schriftsatzes genutzt hat. Ferner können die Beteiligten bei einer geeigneten Einstellung des Computers nicht erkennen, ob ein eigenhändig unterschriebener Ausdruck beim Versender oder Empfänger existiert oder nicht.[462] Auch eine Unterscheidung anhand des Sendeberichts bzw. Empfangsprotokolls oder den übermittelten „Kopfdaten“ ist bei richtiger Einstellung nicht möglich. Daher ist die Trennung zwischen beiden verschiedenen Möglichkeiten der Unterzeichnungsübermittlung aus praktischer Sicht bedenklich.[463] Eine Differenzierung würde darüber hinaus bei Zweifeln durch etwaige Sachverständigengutachten (die jedoch kaum erfolgsversprechend sind) einen enormen Arbeitsaufwand mit sich bringen.

3. Ergebnis

Es muß differenziert werden zwischen dem Zusammensetzen von Textbausteinen und dem Einscannen eines tatsächlich eigenhändig unterzeichneten Schrift-

---

[460] So auch *Ebbing*, CR 1996, 271, 277.

[461] Vgl. dazu *Schnittmann*, CR 1997, 218.

[462] Vgl. *Ebbing*, CR 1996, 271, 273, sowie *Schwachheim*, NJW 1999, 621, 622.

[463] In dem vom BGH zu entscheidenden Fall ist die Übermittlung per Modem erst dadurch aufgefallen, daß ein späterer Schriftsatz, der durch ein Normalfax übermittelt wurde, sich im Schriftbild, Format und Briefkopf vom früheren unterschied.

satzes. Während das Zusammensetzen von Textbausteinen keine mit dem anerkannten Telefax vergleichbare Technik darstellt, muß das vollständig eingescannte Dokument gleich einem Telefax behandelt werden. Es gibt, wie dargestellt, bei letzterer Methode kaum Unterschiede in Technik und Anwendung zum anerkannten Telefaxgerät, so daß eine Ungleichbehandlung nicht zu rechtfertigen ist. Mithin ist bei dem Einscannen eines vollständigen Schriftsatzes die Versendung auch mittels eines Computers schon nach jetziger Gesetzeslage als zulässig anzuerkennen.

Freilich kann es hinsichtlich der Zusammensetzung von Textbausteinen nicht den Ausschlag geben, daß bei einem Computerfax der Schein erweckt wird, es existiere eine eigenhändige Unterschrift auf einem Original.[464] Fest steht jedoch auch, daß regelmäßig aufwendige Prüfungen erfolgen müssen, um zu unterscheiden, ob es sich bei dem am gerichtlichen Faxgerät ausgedruckten Schriftsatz um eine Telekopie oder um ein Computerfax handelt. Aufgrund der fehlenden Unterscheidbarkeit zwischen der Unterschriftserzeugung durch zusammengesetzte Textbausteine und dem vollständig eingescannten Schriftstück droht eine Gefährdung der Rechtssicherheit. Selbst Prüfungen von Sachverständigen werden zumeist keine sichere Unterscheidung bieten können. Daher ist die Möglichkeit der Anerkennung eines Computerfax wohlwollend zu betrachten.

III. Rechtsfortbildung

Letztlich stellt sich die Frage, ob für die Versendung unterzeichnungsbedürftiger Schriftsätze per Computerfax (Zusammensetzen von Textbausteinen) durch eine richterliche Rechtsfortbildung eine Lösung de lege lata gefunden werden kann oder ob eine Entscheidung des Gesetzgebers erforderlich ist. Berücksichtigt werden sollte dabei, daß eine richterliche Rechtsfortbildung als Mittel zur Anpassung des Rechts an die geänderten Rahmenbedingungen auch bis zu einer Regelung durch den Gesetzgeber vorgenommen werden kann, da sich Rechtsfortbildung und Gesetzesänderung nicht ausschließen.[465] Daher darf das Erfordernis einer Gesetzesänderung von den Gerichten nicht dazu genutzt werden, an einer ständigen Rechtsprechung festzuhalten, welche sich schon heute als überholt erweist. Bereits bei der Anerkennung fernschriftlicher und telegraphischer Übermittlung von Schriftsätzen, welche der qualifizierten Schriftform bedurften, wurde gezeigt, daß eine Rechtsfortbildung zugunsten des technischen Fortschritts möglich ist. Auch wenn es sich bei diesen Ausnahmen um mittlerweile „kaum noch praktizierte Einzelfälle"[466] handelt, bleibt doch festzuhalten, daß

---

464 Vgl. dazu auch *Schwachheim*, NJW 1999, 621, 623.
465 Vgl. *Schmidt*, BB 1999, 1125, 1126.
466 BGH, NJW 1998, 3649 = WM 1998, 2301 = CR 1999, 144.

durch die Einführung der neuen Übermittlungstechnik eine Lücke entstanden ist, auf welche „die bisher durch die Rechtsprechung gefundenen Grundsätze nicht mehr zu passen scheinen“[467]. Das in der Vergangenheit gezeigte Bestreben, den Prozeßbeteiligten bei der Abgabe von Prozeßerklärungen gegenüber dem Gericht die Nutzung der modernen Kommunikationsmittel zu ermöglichen und von dem gesetzlichen Unterschriftserfordernis soweit abzurücken, wie durch die Besonderheiten des betreffenden Übertragungsweges gefordert wurde,[468] könnte daher auch in Hinblick auf das Computerfax gefordert werden.

1. Überschreitung der Grenzen der Rechtsfortbildung bei der Anerkennung des Computerfax

Der *11. Zivilsenat des BGH*[469] geht davon aus, daß eine Anerkennung des Computerfax zur Übersendung unterzeichnungsbedürftiger Schriftsätze nicht durch eine Rechtsfortbildung vorgenommen werden kann. Dies legte er am 29.09.1998 in seinem Vorlagebeschluß an den Gemeinsamen Senat dar. Zur Begründung führt er an, daß ein Computerfax weder unterschrieben sei, noch – im Gegensatz zum herkömmlichen Telefax – ein ordnungsgemäß unterzeichneter Originalschriftsatz zugrunde liege. Die Voraussetzungen einer Gleichstellung von nicht verkörperten, durch Datenübertragung vermittelten Mitteilungen – wie es bei der Versendung eines Computerfax der Fall ist – mit eigenhändig unterzeichneten Schriftstücken seien vom Gesetzgeber zu bestimmen. Der „durch die Bedürfnisse eines effektiven Rechtsschutzes nicht gebotene voraussetzungslose faktische Verzicht“[470] auf die gesetzlich vorgeschriebene Unterzeichnung im Prozeßrecht überschreite die Grenzen richterlicher Rechtsfortbildung.[471] Es sei daher von der Gesetzgebung zu fordern, daß für den gerichtlichen Verkehr Vorkehrungen zu treffen sind, die der Rechts- und Verkehrssicherheit Rechnung tragen und welche darüber hinaus ausschließen, daß „gerichtliche Verfahren zufällig, zum Spaß und/oder ohne weiteres mißbräuchlich und unschwer auch von Unbefugten in Gang gesetzt werden können“[472]. Diese Vorkehrungen zu treffen und klar zu regeln sei eine dringliche Aufgabe des Gesetzgebers.

---

[467] *Schmidt*, BB 1999, 1125, 1126.
[468] Vgl. Zöller/*Greger*, § 130 Rn. 11.
[469] BGH, NJW 1998, 3649 = WM 1998, 2301 = CR 1999, 144.
[470] BGH, NJW 1998, 3649 = WM 1998, 2301 = CR 1999, 144.
[471] So auch *Schmid*, CR 1999, 609, 610.
[472] *Schwachheim*, NJW 1999, 261, 263.

2. Anerkennung des Computerfax durch Rechtsfortbildung

Hingegen erachtete das *BSG*[473] das Computerfax auch zur Einhaltung der qualifizierten Schriftform für zulässig.[474] So hat es in seinem Urteil vom 15.10.1996 den Zusatz unter die per Computerfax eingelegte Berufung „Dieser Brief wurde maschinell erstellt, wird nicht eigenhändig unterschrieben" der eigenhändigen Unterschrift gleichgestellt.[475] Zur Begründung wurde angeführt, daß der eingescannten und mittels bloßem Tastendruck eingefügten Unterschrift – wie es bei einem Computerfax der Fall sein kann – im Rechtsverkehr keine andere Bedeutung zukommen könne, als der maschinengeschriebenen Wiedergabe des Namens. Beiden Varianten käme der gleiche Beweiswert für die Frage zu, ob der Unterzeichner auch Urheber des Schriftstücks ist und dieses bewußt in den Verkehr gebracht hat.[476]

Auch der *Gemeinsame Senat der obersten Gerichtshöfe des Bundes* beschloß, daß unterzeichnungsbedürftige Schriftsätze formwirksam mittels Computerfax eingereicht werden können:[477] So sei die Person des Erklärenden durch seine eingescannte Unterschrift oder den Hinweis, daß der benannte Urheber wegen der gewählten Übertragungsform nicht unterzeichnen kann, hinreichend bestimmt. Im übrigen müsse berücksichtigt werden, daß Verfahrensvorschriften der Wahrung der matereriellen Rechte der Prozeßbeteiligten dienen und die Durchführung des Rechtsstreits nicht behindern sollen. Daher sei das Schriftlichkeitserfordernis dementsprechend weit auszulegen.

3. Stellungnahme

Eindrucksvoll wies das Bundessozialgericht mit seinem fortschrittlichen und konsequent formfreien Standpunkt auf die unausweichliche Entwicklung hin, welche auf die Anerkennung der zusammengesetzten Textbausteine folgen würde. Die durch das Urteil aufgezeigte Entwicklungsmöglichkeit der Rechtsfortbildung spricht entschieden gegen die Anerkennung des Computerfax: So wird deutlich, daß die Zulässigkeit des Computerfax in gradliniger Weiterentwicklung zur Abschaffung der qualifizierten Schriftform führen würde, da die Forderung einer bildlichen Übertragung ausschließlich dem Selbstzweck der Formvorschrift dienen würde. Da es sich bei dem zu entscheidenden Fall des BSG nicht um einen Ausnahmefall handelt, würde die Voraussetzung einer Unterzeichnungswiedergabe zur Pedanterie degradiert.

---

473 BSG, CR 1997, 217.
474 Vgl. zur Form der Berufung im Sozialgerichtsverfahren § 151 Abs. 1 SGG.
475 Vgl. zu diesem Urteil: 3. Kapitel, 1. Abschnitt, B., I.
476 Vgl. BSG, CR 1997, 217.
477 GmS-OGB 1/98; vgl. auch den Bericht der FAZ vom 20.07.2000, S.17 (Nummer 166).

Da sich eine gesetzesimmanente Rechtsfortbildung nur in dem vorgegebenen Gesetzesrahmen bewegen kann, muß die Ermittlung des Inhalts notwendig von dem Gesetzestext ausgehen.[478] Mithin kann eine dem Gesetz zuwiderlaufende Entwicklung nicht durch richterliche Rechtsfortbildung in Gang gesetzt werden.[479] Ausgangspunkt für die Rechtsfortbildung ist die von der Strafprozeßordnung – im Gegensatz zum Zivilprozeßrecht[480] – *ausdrücklich* geforderte Unterzeichnung. Eine Ausnahme von der qualifizierten Schriftform derart, daß eine eigenhändig geleistete Unterzeichnung unter das bestimmte Schriftstück gänzlich wegfällt, kann daher nur contra legem erfolgen. Darüber hinaus ist eine Ungleichbehandlung gegenüber einem Originalschriftsatz, welcher ohne eine Unterzeichnung – aus Gründen der Rechtssicherheit im Verfahrensrecht – unzulässig wäre, kaum zu rechtfertigen.[481]

Die Unzulässigkeit des Computerfaxes (Zusammensetzen von Textbausteinen) stellt daher keinen übertriebenen Formalismus dar, zumal die Nutzung moderner Versendungstechniken durchaus gewährt wird. So werden etwaige Lücken im Gesetz unter Beachtung der gesetzlich vorgeschriebenen Form gefüllt, indem die Unterzeichnung auf dem Original gefordert wird, bevor eine Telekopie oder ein Computerfax zum Empfänger versandt wird. Mit dieser Ausnahme wird sowohl dem technischen Fortschritt genüge getan, als auch Sinn und Zweck der Unterzeichnung gewahrt.

Das Problem der Nichterkennbarkeit der verschiedenen Unterzeichnungsmethoden beim Computerfax bleibt zwar weiterhin bestehen, diese zu beseitigen obliegt jedoch dem Gesetzgeber. So könnte beispielsweise von den Absendern eine Versicherung gefordert werden, daß ein unterschriebenes Original vorliegt. Dies würde zwar keine absolute Garantie für ein unterzeichnetes Schriftstück bieten. Dennoch wäre eine weitere Hemmschwelle geschaffen, die dazu führen könnte, daß die Unterzeichnung auf dem Original regelmäßig geleistet wird.

---

478 Vgl. BGHSt 3, 259, 262; sowie *Larenz/Canaris*, S. 313, ausführlich auch *Looschelders/Roth*, S. 21, 22, der auf die verfassungsrechtliche Lage hinweist, wonach (formelle) Gesetze stets nur in dem verfassungsrechtlich vorgesehenen (förmlichen) Gesetzgebungsverfahren erlassen werden können (Art. 76 ff., 82 Abs. 1 GG); zur Wortsinnauslegung vgl. *Noak*, S. 46 ff.; *Schlüchter*, Präjudizien, S. 128.

479 Andere Möglichkeiten bietet freilich die Schriftform im Zivilprozeß durch die Rechtsgrundlage in Form einer Sollvorschrift; vgl. dazu auch *Schmidt*, BB 1999, 1125, 1127.

480 Bei § 130 ZPO handelt es sich um eine *Sollvorschrift.*

481 So auch *Henneke*, NJW 1998, 2194, 2195.

2. Abschnitt: electronic mail (E-Mail)

Die elektronische Kommunikation bietet vielfältige Vorteile gegenüber der Nutzung herkömmlicher Papierdokumente. So können elektronische Dokumente in Sekundenschnelle unzähligen Empfängern auf der ganzen Welt gleichzeitig zugänglich gemacht, automatisch weiterverarbeitet und platzsparend aufbewahrt werden.[482] Viele Bearbeiter verfügen gleichzeitig über ein Original und benötigen nahezu keinen Raum zur Aufbewahrung. Gerade auch die Mehrarbeit, das Dokument im Absendebüro zunächst in einen Computer einzugeben, danach auszudrucken und dann erst abzusenden, um es am Ankunftsort abermals in den Computer einzugeben, kann durch die elektronische Versendung von Dokumenten vermieden werden.

Entgegenzuwirken ist daher dem rechtlich erzwungenen Medienbruch.[483] Es ist an der Zeit, die zum Medienbruch führenden Hürden durch Anerkennung der elektronischen Unterschrift zu überwinden. Daher richtet sich das Bestreben auf den Austausch elektronischer Erklärungen, die verbindlich und beweisgeeignet sind.[484] Zu bedenken ist allerdings, daß durch die Körperlosigkeit elektronischer Dokumente etwaige Veränderungen keinerlei Spuren hinterlassen und eine Manipulation daher weder erkannt noch nachgewiesen werden kann.[485] Um den Rechtsverkehr zu schützen, bedarf es daher einer besonderen Sicherung der elektronischen Nachrichten.

A. Beschreibung der technischen Vorgänge

E-Mails sind Nachrichten, die sowohl über ein internes Computernetzwerk (etwa innerhalb eines Unternehmens oder eines Gerichts, sog. Intranet oder LAN [local area network]) an die daran angeschlossenen PCs oder Terminals als auch über das Telefonnetz unter Nutzung eines bestimmten technischen (Software-) Protokolls (z.B. TCP/IP) – so z.B. im Internet – an Computer in aller Welt versendet werden können (WAN [wide area network]).[486]

---

482 Eingehend *Roßnagel,* RDV 1998, 5, 6.

483 Der Medienbruch wird z.B. dadurch erzwungen, daß derjenige, der eine beweiskräftige Urkunde haben will, diese erst ausdrucken und eigenhändig unterzeichnen muß.

484 Dazu *Rieß*, DuD 1997, 284.

485 Vgl. *Grewlich*, K&R 1998, 87; sowie *Roßnagel*, RDV 1998, 5, 6.

486 Vgl. *Schwachheim*, NJW 1999, 622; sowie *Ultsch*, NJW 1997, 3007.

Electronic mail (E-Mail) ist der (nicht nur im Internet) am weitesten verbreitete Datenkommunikationsdienst.[487] Der Dienst besteht weitestgehend aus einer Kombination von zwei verschiedenen Standards[488]: Das Simple Mail Transfer Protocol (SMTP)[489], welches regelt, wie Mailsysteme (Client- oder Serversysteme) Mitteilungen austauschen und das technische Format einer E-Mail, welches in RFC 822[490] festgelegt ist.[491]

Eine E-Mail-Nachricht besteht aus zwei verschiedenen Teilen: Dem sogenannten Mail-Header (Kopf) und dem Mail-Body (Text).[492] Als Mail-Body wird jener Teil der E-Mail bezeichnet, in dem die eigentliche Nachricht steht, die der Sender an den Empfänger übertragen will. [493] Der Header einer E-Mail setzt sich zusammen aus verschiedenen – im Standard vorgegebenen – Schlüsselwörtern, die mit Adressierungs- und Übertragungsdaten ausgefüllt werden.[494] Der Mail-Header ist also vergleichbar mit einem Kuvert, in welchem man einen auf Papier gefaßten – konventionellen – Brief (Snail Mail)[495] versendet, nachdem dieser mit Adressdaten des Empfängers versehen wurde. Die mit diesen Headerinformationen versehene Nachricht wird vom Computer des Verfassers abgeschickt, was bewirkt, daß diese Nachricht zunächst an einen Mailserver übermittelt wird.[496] Dieser übermittelt die Nachricht dann weiter an sogenannte Mail-Gateways oder Mail-Relays, welche die Nachricht wiederum ihrererseits weiter Richtung Empfänger schicken. Die im vorgeschriebenen Format kodierte Nachricht wird also – beginnend bei dem Computer des Verfassers – von Computer zu Computer weitergereicht („relayed"), bis sie auf einem Rechner angekommen ist, auf den der Empfänger direkten Zugriff hat. Von diesem Computer holt der Empfänger sodann die für ihn bestimmten E-Mails mittels eines E-Mail-Programmes ab und überträgt die Nachrichten dadurch auf einen Computer seiner Wahl. Freilich ist dazu, um unbefugten Zugriff zu unterbinden, die Übermittlung eines vorher festgelegten Passwortes an den Server erforderlich.

---

487 Dazu *Conrads*, S. 264.

488 Der Austausch von E-Mails ist durch verschiedene Techniken möglich, deren technische Vorgänge sich aber nur unwesentlich unterscheiden; vgl. auch *Gronert*, S. 81, 82.

489 Zu diesem Protokoll vgl. *Hager/Kolbeck*, S. 48, 49.

490 Nachzulesen unter http://www.rfc.org.

491 Vgl. *Conrads*, S. 264.

492 So *Conrads*, S. 264; sowie *Maier/Wildberger*, S. 22.

493 Vgl. *Maier/Wildberger*, S. 22.

494 Dazu *Conrads*, S. 264.

495 So wird – um den Gegensatz zur E-Mail aufzuzeigen – der konventionellen Briefverkehr genannt.

496 Vgl. *Conrads*, S. 265.

Zur Veranschaulichung der Weg einer E-Mail (insg. ca. 6 Sek.)

(abgekürztes Protokoll):[497]

1. rtint.netcologne.de (194.8.194.68)
2. K-gw1.K.net.**DTAG.DE**
....
6. Penns-gw1.USA.net.DTAG.DE
7. **sprint-nap.si.net**
8. gsl-sl-penn-fddi.gsl.net
9. sl-pen-19-P4/0/0-155M.printlink.net
...
12. la-net.Washington.mci.det
13. 166.48.39.254(166.48.39.254)
14. IR-Frankfurt1.**WiN-IP.DFN.DE**
....
18. dr-uni-bonn.Uni-Bonn.DE 2
19 Alpha7-14-t0.rhtz.uni-bonn.de
20 **giub.uni-bonn.de**

Jeder Eintrag stellt den Namen bzw. die Adresse eines Computers dar, den die E-Mail auf ihrem Weg zum Empfängercomputer durchlaufen hat.

B. Unterzeichnungs- und Ersatzmöglichkeiten

I. Digitalisierte Unterschrift

Um das Bild einer Unterschrift in ein digitales Dokument einzufügen, gibt es verschiedene Möglichkeiten. So kann die Unterschrift auf einem berührungssensitiven, elektronischen Feld[498] oder direkt auf einem berührungsempfindlichen Bildschirm[499] geleistet werden. Die wohl populärste Möglichkeit stellt das berührungsintensitive, elektronische Feld in Form eines Notepads dar. Es handelt sich dabei um einen kleinen Computer (pocket-computer) mit einer Schrifterkennungssoftware, welcher sich von einem Laptop oder Notebook hauptsächlich darin unterscheidet, daß das Notepad nicht mit einer Tastatur betrieben wird, sondern mit einem Eingabestift in der Größe eines Kugelschreibers.[500] Mit die-

---

[497] Dargestellt auf dem Seminar des Anwaltsvereins Köln über digitale Signaturen im Januar 2000, *Brisch*, KAV-Symposium im Rahmen des Robert-Schumann-Projekts (http://www.rueber.de).

[498] Die Firma UPS läßt die Kunden auf einem elektronischen Datenfeld gegenzeichnen.

[499] Dazu *Bachofer*, NJW-CoR 1993, 25 ff.

[500] Ausführlich *Bachofer*, NJW-CoR 1993, 25.

sem Eingabestift schreibt man direkt auf den Bildschirm und kann daher unterhalb des Textes mit dem individuellen Namenszug eigenhändig unterzeichnen. Zwar kann das Notepad die individuelle Handschrift nicht erkennen, es kann sie aber mit einem grafikfähigen Programm als Bild kopieren und speichern. Dieses Gesamtdokument kann dann mit einem Drucker auf Papier ausgedruckt werden oder über eine Datenleitung an ein Empfangsgerät – das ein PC oder wiederum ein Notepad sein kann – geschickt werden.

Das Einkopieren der graphisch gespeicherten Unterschrift ist mit der Unterschriftswiedergabe durch einen Faksimilestempel vergleichbar.[501] Die gespeicherte Unterschrift ist zunächst isoliert vom Schriftsatz und wird – nachdem der eigentliche Text eingegeben ist – unter diesen gesetzt. Durch diese Handhabe ist der Wert dieser Methode recht gering: Kann doch jedermann, der Zugang zu dem Computer hat, die Unterschrift unter ein beliebiges Dokument setzen.[502] Wegen der Automatisierung des Vorgangs verleitet eine Unterschrift in gespeicherter Form daher zu unbegrenzter Vervielfältigung und zum Mißbrauch.[503]
Insgesamt gesehen eignet sich die Abbildung einer handschriftlichen Unterschrift in Form einer Grafik unter dem Textdokument nicht, um eine eigenhändige Unterschrift im digitalen Verkehr zu ersetzen, da sie verfälschbar und kopierbar ist. Daher bietet sie keinerlei Sicherheit, daß tatsächlich derjenige das Dokument verfaßt hat und dafür einsteht, dessen Unterzeichnung unter dem digitalen Dokument abgebildet ist. Auch ist das Risiko groß, daß das mit einer Unterschriftengraphik versehene Dokument im Nachhinein geändert wird. Dazu bietet der bereits aufgezeigte Versendungsweg viele Gelegenheiten.

Um Mißverständnissen vorzubeugen, sei darauf hingewiesen, daß hier von der Versendung per E-Mail ausgegangen wird. Im Gegensatz zu einer Versendung per Computerfax besteht keine direkte Verbindung zwischen dem Absender- und Empfängercomputer. Dies bedeutet, daß die E-Mail innerhalb eines Netzwerks von Computern bis zum Empfängergerät „durchgereicht“ wird. Hieraus ergeben sich im Gegensatz zu einer Direktverbindung mehrere potentielle Angriffspunkte.[504]

II. PIN und TAN

Um den elektronischen Schriftverkehr zu sichern, könnte man auf eine – im Bankwesen bereits seit langem – etablierte Sicherungsmethode zurückgreifen.

---

[501] So *Ebbing*, CR 1996, 275.
[502] Vgl. dazu den ersten Abschnitt des dritten Kapitels (Computerfax).
[503] Eingehend *Pordesch/Nissen*, CR 1995, 562 ff.
[504] Vgl. abgekürztes Protokoll, Gliederungspunkt 3. Kapitel, 2. Abschnitt, A.

Hierbei werden dem Benutzer eine persönliche Geheimzahl (PIN: „(P)ersönliche (I)dentifikations(N)ummer“) und ein ganzer Zahlenblock von Transaktionsnummern (TANs: „(T)rans(A)ktions (N)ummern“) zur Verfügung gestellt.[505] Das System basiert darauf, daß sich der Benutzer zunächst mittels seiner PIN im Empfängersystem autorisiert, um anschließend mit einer TAN, welche nur ihm und dem Empfängersystem bekannt ist, die Durchführung der gewünschten Transaktion zu bestätigen. Dabei kann jede TAN nur ein einziges Mal benutzt werden, so daß der Benutzer nach Aufbrauchen des Nummernblocks einen neuen benötigt.

Dieses System ist jedoch nicht für die Sicherung des elektronischen Schriftverkehrs geeignet. So setzt es – da die Daten unverschlüsselt übertragen werden – voraus, daß die genutzte Verbindung bereits ihrerseits eine Verschlüsselung bietet. Da dies innerhalb der derzeitigen Onlineanbieter nur noch von dem – sich bereits im Rückzug befindlichen – BTX-System gewährt wird, scheint dieses Sicherungssystem in Hinblick auf den elektronischen Schriftverkehr nur bedingt verwirklichbar. Zudem benötigt der Absender für jeden Korrespondenzpartner einen separaten Nummernblock, sowie eine eigenständige PIN. Der dadurch entstehende Verwaltungsaufwand steht nicht im Verhältnis zu den Vorteilen der Sicherung diese Systems. Letztlich kommt als Korrespondenzpartner nur derjenige in Betracht, der bereits im Vorfeld bekannt ist. All dies ist beim gerichtlichen Verkehr nicht zu bewerkstelligen, so daß eine alternative Sicherungsmöglichkeit gefunden werden muß.

III. Digitale Signaturen

Diskutiert wird, ob digital signierte Texte per Hand unterschriebenen Dokumenten gleichgestellt werden sollen.[506] So ist davon auszugehen, daß zumindest für den privatrechtlichen Bereich die Gleichstellung einer dem deutschen Signaturgesetz konformen Signatur mit der handschriftlichen Unterschrift im Rahmen der Umsetzung der europäischen Richtlinie unumgängliche Änderungen verschiedener Gesetze mit sich bringen wird.[507] Um allerdings beurteilen zu können, ob diese Gleichsetzung auch für den Strafprozeß von Vorteil wäre, wird zunächst das Verfahren der digitalen Signatur vorgestellt. Im

---

[505] Erläuternd *Bartel*, S. 78.

[506] Statt vieler *Roßnagel*, NJW 1999, 1591 ff.; ders. DuD 1997, 75 ff.; *Rott*, NJW-CoR 1998, 420, 427; auch in der Presse wird die „Unterschrift per Chipkarte“ gelobt, vgl. *Focus-Magazin* 5/2000, S. 54.

[507] Siehe hierzu *Kröger/Hanken*, JA 1999, 823; wie auch die Tagespresse, welche die elektronische Unterschrift für marktreif hält und das „Hinterherhinken der Gesetzgebung“ kritisiert, Berliner Zeitung vom 25.02.2000, S. 14.

Rahmen der rechtlichen Würdigung soll sodann auf bereits vorhandene Gesetze und Verordnungen eingegangen werden, wobei auch die EU-Richtlinie zur digitalen Signatur Berücksichtigung findet.

1. Begriff der digitalen Signatur

Eine digitale Signatur ist gem. § 2 SigG[508] ein mit einem privaten Signaturschlüssel erzeugtes Siegel[509] zu digitalen Daten. Diese Signatur soll sicherstellen, daß eine Feststellung der Unverfälschtheit eines elektronischen Dokuments und die Identität des Ausstellers möglich ist.[510] Zum Teil wird der Begriff der elektronischen Unterschrift als irreführend angesehen, weil es bei diesem Verfahren keinen geschriebenen Namenszug gibt.[511] Da sich der Begriff der elektronischen Unterschrift jedoch bereits etabliert hat, werden diese Namenszweifel hier nicht weiter verfolgt.

2. Aufgaben der digitalen Signatur

In der Datensicherheit gibt es fünf traditionelle Sicherheitsfunktionen: Vertraulichkeit, Integrität, Autorisierung, Non-repudiation[512] und Zugriffsschutz.[513] Von besonderer Bedeutung ist allerdings die Nachrichtenintegrität und –authentizität.

a. Nachrichtenintegrität

Die inhaltliche Integrität von digitalen Nachrichten ist wesentlich stärker gefährdet als die von Schriftdokumenten.[514] Während sich die nachträgliche Veränderung von Papierdokumenten äußerst kompliziert gestaltet und von Experten oftmals nachgewiesen werden kann,[515] hinterlassen Modifikationen digitaler Dokumente nahezu keine Spuren, die auf diese Veränderung hinweisen würden. Insbesondere die Übermittlung von Klartexten bietet keine Möglichkeit der Integritätsprüfung. Dieses Problem läßt sich durch den Einsatz einer digitalen Signatur beheben.

---

508 Signaturgesetz vom 28.07.1997.

509 Unrichtiger Wortgebrauch: es handelt sich bei einer Signatur um ein Kryptogramm.

510 So auch *Rieß*, DuD 1997, 284.

511 Vgl. *Deville/Kalthegener*, NJW-CoR 1997, 168, 169; vgl. auch *Knupfer*, http://www.digital-law.net/knupfer/intro.htm.

512 Unter Non-repudiation wird verstanden, daß eine Person, die z.B. ein Dokument mit einer elektronischen Unterschrift versehen hat, dies nicht leugnen kann.

513 Eingehend *Eisele*, DuD 1997, 401.

514 Vgl. etwa *Sandl*, CR 2000, 319 ff.

515 Vgl. *Pordesch/Nissen*, CR 1995, 562, 564.

b. Nachrichtenauthentität

Um eine E-Mail zu versenden und durch einen falschen Absendenamen den Eindruck zu erwecken, daß diese Mail von dem angegebenen Absender stammt, bedarf es keiner großen Kenntnisse.[516] Daher soll die Nutzung der digitalen Signatur die Möglichkeit eröffnen, die Authentizität des Absenders zu überprüfen. Es soll sichergestellt werden, daß der Absender auch tatsächlich derjenige ist, für den er sich ausgibt. Digitale Signaturen sollen mithin dem Mißbrauch elektronischer Dokumente durch unbemerkte technische Manipulation entgegenwirken und damit die Sicherheit elektronischer Dokumente erhöhen. Die wünschenswerte Folge ist ein Beitrag zur weiteren Förderung der Akzeptanz des elektronischen Geschäfts- und Wirtschaftsverkehrs.[517]

3. Technische Grundlagen digitaler Signaturen

a. Signaturverfahren

Die digitale Signatur basiert auf einem Verschlüsselungsverfahren. Dieses Verfahren kann sowohl symmetrisch als auch asymmetrisch sein.

aa. Symmetrisches Verschlüsselungsverfahren

Das symmetrische Verschlüsselungsverfahren setzt voraus, daß beide Parteien über denselben Schlüssel („key") verfügen.[518] Mit diesem Schlüssel können die Parteien dann Informationen ver- und entschlüsseln, also sowohl erstellen als auch prüfen.[519] Der gravierende Nachteil zur asymmetrischen Verschlüsselung ist bei diesem (symmetrischen) Verfahren jedoch, daß zunächst der Schlüssel als geheime Information ausgetauscht werden muß und für jeden neuen Kommunikationspartner ein neuer Geheimschlüssel erforderlich ist.[520] Allein dieser Austausch bereitet schwerwiegende Probleme, da die Versendung zumeist über das Internet vorgenommen wird, was für sich bereits ein Sicherheitsrisiko darstellt. Auch ergeben sich durch die Voraussetzung einer Kopie des geheimen Schlüssels Probleme hinsichtlich der Authentizitätseigenschaft der Signatur.[521] Daher ist das symmetrische Verschlüsselungsverfahren für die digitalen Signaturen ungeeignet. Dies wurde auch vom Gesetzgeber erkannt und durch die explizite Forderung des asymmetrischen Verfahrens in § 2 I SigG manifestiert. Daher be-

---

516 So auch *Roßnagel*, DuD 1997, 75 ff.
517 Siehe auch *Allenstein* in Hoeren/Schüngel, S. 20.
518 Umfassend zu den Verschlüsselungsverfahren *Grimm*, DuD 1996, 27 ff.
519 Eingehend *Kuner*, NJW-CoR 1995, 413.
520 Vgl. dazu auch *Bauer*, S. 154.
521 So *Kühn* in Hoeren/Schüngel, S. 70, 71.

schränkt sich die folgende Darstellung auf das asymmetrische Signaturverfahren.

bb. Asymmetrisches Verschlüsselungsverfahren

Das asymmetrische Verschlüsselungsverfahren hat im Gegensatz zum symmetrischen Verfahren zwei verschiedene Schlüssel: Den „private key" und den „public key". Für jeden Benutzer existiert demnach ein Schlüsselpaar: Ein geheimer Schlüssel zur Erstellung der Signatur sowie ein dazu passender öffentlicher Schlüssel zur Verifikation der mit dem geheimen Schlüssel erstellten Signaturen.[522]

(1) Private key

Der Absender signiert sein Dokument mit einem geheimen, nur ihm zugänglichen private key.

(a) Sicherung des Schlüssels

Dieser private Schlüssel kann auf einer Chip-Karte[523], Smart Disk[524] oder Diskette gespeichert werden und ist dem Eigentümer nur nach Eingabe einer PIN-Nummer oder einer Paßphrase zugänglich. Auch ist es möglich, den private key auf der Festplatte abzulegen und mit einem PIN oder Passwort zu sichern, damit er von Dritten nicht mehr gelesen werden kann.[525] Der Einsatz von Chipkarten ist nur dort von Bedeutung, wo einzelne Personen oftmals an verschiedenen Rechnern arbeiten oder ein Rechner von verschiedenen Personen genutzt wird, zumal die notwendige Anschaffung eines Erkennungsgerätes für diese Chipkarten einen höheren Kostenaufwand erfordert als die Anschaffung einer Diskette. Im Gegensatz dazu kommen bei der Speicherung des Schlüssels auf der Festplatte keine weiteren Mehrkosten auf den Benutzer zu.

Praktisch markiert der Unterzeichner den zu signierenden Text auf dem Bildschirm und ruft sodann das Unterschriftenprogramm (z.B. PGP) auf. Daraufhin wird der Nutzer zum Aufruf des private key aufgefordert, welcher sodann z.B. mit einer sog. Paßphrase (in Erweiterung des Passwortes ein „Passsatz") akti-

---

522 Umfassend *Grimm*, DuD 1996, 27, 29; vgl. auch *Grewlich*, K&R, 87, 88; *Kühn* in Hoeren/Schüngel, S. 72 ff.

523 Von ersten Erfahrungen mit der Beantragung einer Chipkarte bei einer Zertifizierungsstelle berichtet *Kelm* in DuD 1999, 526 ff.; vgl. auch zu praktischen Hinweisen, wie und wo eine Chipkarte erlangt werden kann *Bielfeldt/Brisch*, S. 11.

524 Ausführlich zur Smart Disk *Eisele*, DuD 1997, 401, 405 f.

525 Eingehend *Deville/Kalthegener*, NJW-CoR 1997, 168, 169.

viert werden muß.[526] Die Software berechnet nun den auf den Text bezogenen Rechenwert und aus der nur dem Inhaber bekannten Primzahl (dem private key) ein Rechenergebnis.

(b) Fingerabdruck

Der auf den Text bezogene Rechenwert wird durch mathematische Algorithmen berechnet.[527] Problematisch erscheint allerdings bei der Anwendung des Signieralgorithmus auf die zu signierenden Daten, daß zumeist eine Signatur entstehen würde, welche dieselbe Länge besitzt wie die signierten Daten selbst.[528] Um aber eine Verdoppelung des Datenvolumens – und die damit verbundene hohe Berechnungsdauer – zu vermeiden, ist es funktional, zunächst eine Kurzform zu erstellen.[529]

Diese Reduzierung der Nachrichten, Daten, Dokumente etc. (technisch ausgedrückt: Bitfolge) wird von dem einer Hashfunktion zugrundeliegenden Algorithmus vorgenommen.[530] Eine Hashfunktion ist eine „schnell zu berechnende kollisionsresistente Einwegfunktion, die Bitfolgen beliebiger Länge auf Bitfolgen fester, kurzer Länge abbildet“[531]. Aus der Nachricht wird also mit Hilfe einer sogenannten Hash[532]- oder Einwegfunktion[533] ein vergleichsweise kleiner Datenblock[534] errechnet, welchen man Hashwert nennt.[535] Man bezeichnet diesen Wert auch als Authentikator oder Fingerabdruck (finger print).[536] Aus dem – mit kryptographischen Hashfunktionen ermittelten – Fingerabdruck (der auf den Text bezogene Rechenwert) wird dann durch den Algorithmus mittels des private keys die digitale Signatur selbst berechnet.[537] Das Dokumentenkomprimat wird sodann als digitale Signatur an das unverschlüsselte Originaldokument angehängt.

---

526 Vgl. *Deville/Kalthegener*, NJW-CoR 1997, 168, 170.
527 Anschaulich *Kuner*, NJW-CoR 1995, 413.
528 Schlüsselbeispiel abgedruckt bei *Deville/Kalthegener*, NJW-CoR 1997, 168, 169.
529 Vgl. *Kühn* in Hoeren/Schüngel, S. 74.
530 So auch *Dobbertin*, DuD 1997, 82.
531 *Dobbertin*, DuD 1997, 82, 83.
532 In der Praxis häufig verwendete Hashalgorithmen sind z.B. MD5, SHA bzw. SHA-1 oder die RIPEMD-Familie, vgl. *Beutelspacher/Schwenk/Wolfenstetter*, S. 13.
533 Bei einer Einwegfunktion ist es unmöglich zu einem vorgegebenen Hashwert eine dazugehörige Nachricht zu finden.
534 Während der Input (das Original-Dokument) beliebig lang sein kann, ist der Output dagegen ein Datenblock mit einer festen Länge, z.B. 128 Bit, ausführlich dazu *Eiseler*, DuD 1997, 401, 403.
535 Zur Sicherheit von Hashfunktionen *Dobbertin*, DuD 1997, 82 ff.
536 Siehe dazu *Kühn* in Hoeren/Schüngel, S. 74; anschaulich auch *Garfinkel*, S. 258.
537 Vgl. *Kühn* in Hoeren/Schüngel, S. 75, 76.

(2) Public key

Für die Überprüfung (oder auch Verifizierung) einer digitalen Signatur werden zunächst die vollständig signierten Daten und der öffentliche Schlüssel des Urhebers der Signatur benötigt.[538] Der Empfänger ermittelt dann mit Hilfe eines Prüfungsprogramms und des vom Absender mitgesandten public key einen Authentikator und entschlüsselt damit den übermittelten Authentikator. Nur wenn beide Kurzfassungen identisch sind,[539] kann er davon ausgehen, daß das Dokument mit dem passenden private key verschlüsselt und sein Inhalt nicht verändert wurde.[540] So kann jede noch so kleine Veränderung des Dokuments ausgeschlossen werden.[541] Den public key erhält der Empfänger entweder als Zusatzangabe zur digitalen Signatur oder aus einem öffentlichen Online-Verzeichnis. Die Signatur kann also nicht nur vom Kommunikationspartner, sondern auch von beliebiger Seite geprüft und gelesen werden. Es ist nicht Ergebnis der Prüfung, daß aus der Unterschrift der Text reproduziert werden kann. Der pubic key ermöglicht vielmehr nur die Prüfung, daß der unverschlüsselt übertragene Text unverändert und von dem Inhaber des private key stammt.[542] Dies ist einer der Vorteile der elektronischen Unterschrift im Vergleich zur handgeschriebenen: Wenn der Text im Nachhinein bei einem signierten Dokument verändert wurde, ergibt die Prüfung, daß der Text nicht authentisch ist.[543]

(3) Signaturalgorithmen

(a) RSA

Die wohl bekannteste Art der asymmetrischen Verschlüsselung ist der RSA-Algorithmus, der als Grundlage für das weltweit führende Datenverschlüsselungsprogramm PGP[544] (Pretty Good Privacy) benutzt wird.[545] Der 1978 vorgestellte RSA-Algorithmus[546] wurde nach seinen Entwicklern Ron Rivest, Adi

---

538 Mit praktischen Hinweisen vgl. *Bieser/Kersten*, S. 60, 61; anschaulich auch *Knupfer*, http://www.digital-law.det/knupfer/intro.htm.

539 Selbst das Hinzufügen eines Leerzeichens würde zu einer Fehlermeldung führen, vgl. auch *Podesch/Nissen*, CR 1995, 562, 564.

540 Siehe dazu *Allenstein* in Hoeren/Schüngel, S. 19.

541 Vgl. *Eiseler*, DuD 1997, 401, 403.

542 Statt vieler *Deville/Kalthegener*, NJW-CoR 1997, 168, 170.

543 Dazu *Deville/Kalthegener*, NJW-CoR 1997, 168, 170.

544 Verschiedene Versionen dargestellt bei *Roessler*, DuD 1998, 377 ff.; umfassend zu den Vor- und Nachteilen von PGP auch *Camphausen*, DuD 1998, 382 ff.

545 Vgl. *Garfinkel*, S. 366 ff.; wie auch *Kuner*, NJW-CoR 1995, 413, 414.

546 Ausführlich zur mathematischen Grundlage *Beutelspacher/Schwenk/Wolfenstetter*, S. 18; wie auch *Fox*, DuD 1997, 69 ff.

Shamir und Leonard Adleman benannt.[547] Als private key und public key werden zwei sehr große Primzahlen[548] genutzt, die bei der Verschlüsselung multipliziert werden. Wenn die Schlüssel lang genug sind (z.B. 1024 Bit) ist es mit allen praktikablen Mitteln heutzutage nicht möglich, die Primzahlfaktoren unbefugt zu finden.[549] Man kann also von einem nahezu uneingeschränkt gegen Mißbrauch geschütztem System ausgehen.

(aa) Schlüsselerzeugung[550]

Zunächst wählt man zwei sehr große Primzahlen *p* und *q* und berechnet deren Produkt:

$$n = p * q$$

Dann wählt man eine zufällige Zahl s als Signierschlüssel, die relativ prim zu (p-1)*(q-1) ist, und berechnet mit Hilfe des erweiterten Euklidischen Algorithmus den Verifikationsschlüssel v, so daß gilt:

$$s * v = 1 \text{ mod } (p-1) * (q-1), \text{ also}$$

$$v = s^{-1} \text{ mod } (p-1) * (q-1)$$

Jetzt bildet das Zahlenpaar (v, n) den öffentlichen Schlüssel, der zum Verifizieren einer Signatur benötigt wird, und das Paar (s, n) bildet den geheimen Schlüssel, mittels dessen signiert wird.

Die kryptographische Stärke des RSA-Verfahrens liegt in der Schwierigkeit des Faktorisierens großer ganzer Zahlen.[551] Zwar ist davon auszugehen, daß die Entschlüsselung durch den Fortschritt der Computertechnologie zunehmend leichter wird, allerdings werden auch die Datenverschlüsselungsprogramme weiterentwickelt, so daß ein relativ konstantes Sicherheitsniveau zu erwarten ist.

---

[547] Vgl. etwa *Fox,* DuD 1997, 69 ff.; mit weiteren Online-Fundstellen *Knupfer*, http://www.digital-law.net/Knupfer/algorithmen.htm.

[548] Ganze Zahlen, die nur durch 1 und durch sich selber teilbar sind.

[549] Vgl. *Kuner,* NJW-CoR 1995, 413, 414.

[550] Mathematische Darstellung bei *Reinfeldt*, S. 5.

[551] Zu den verschiedenen Verfahren *Dobbertin*, DuD 1997, 82 ff.

(bb) Signieren eines Dokuments	**(cc) Verifikation der Signatur**
Berechnen des Hashwertes des Dokumentes M: H = Hash(M) Verschlüsseln des Hashwertes H: $C = H^s \bmod n$ C ist die digitale Signatur des Dokumentes M	Berechnen des Hashwertes des Klartextdokumentes M: H′ = Hash(M) Entschlüsseln des codierten Hashwertes C: $C^v = (H^s) = H^{s * v} = H^{k * (p-1) * (q-1) + 1} = H * H^{k * (p-1) * (q-1)} = H * 1 = H \pmod n$ Vergleich der beiden Werte: **H = H′ ?**

(b) DSA

Das amerikanische *National Institute of Standards and Technology* (NIST) stellte 1992 einen neuen *Digital Signature Standard* (DSS) vor.[552] Dieser Standard schreibt einen bestimmten Algorithmus für digitale Signaturen, nämlich den von der *National Security Agency* (NSA) entwickelten *Digital Signature Algorithm* (DSA), vor.

(aa) Schlüsselerzeugung[553]

Zunächst wählt man *p* der Länge L Bits, mit 512 < = L < = 1024 und L Vielfaches von 64. Dann wird eine Primzahl *q* mit 160 Bit Länge gewählt, die ein Primfaktor von p – 1 ist. Im Folgenden ist eine beliebige Zahl *h* < p – 1 mit $h^{(p-1)/q} \bmod p > 1$ zu wählen und

$$g = h^{(p-1)/q}$$

zu berechnen. Daraufhin wird eine beliebige Zahl x < q gewählt und

$$y = g^x \bmod p$$

552 Eingehend *Fox*, DuD 1997, 69, 72.
553 Zur Berechnung des Schlüssels vgl. *Reinfeld*, S. 6.

berechnet. Das Zahlentupel (p, q, g, y) bildet den öffentlichen Verifikationsschlüssel, das Tupel (p, q, g, x) den geheimen Schlüssel.

(bb) Signieren eines Dokumentes	**(cc) Verifikation der Signatur**
Erzeugen einer zufälligen Zahl: $K < q$ Berechnung des Hashwertes des Dokumentes M: $H = Hash(M)$[554] Berechnet wird: $R = (g^k \bmod p) \bmod q$ $S = (k^{-1} * (H + x * r)) \bmod q$ Das Paar (r, s) bildet die Signatur des Dokumentes M.	Berechnet wird der Hashwert des Klartextdokumentes M: $H' = Hash(M)$ (wieder mittels SHA) Berechnung: $W = s^{-1} \bmod q$ $u1 = (H' * w) \bmod q$ $u2 = (r * w) \bmod q$ $v = ((g^{u1} * y^{u2}) \bmod p) \bmod q$ Vergleiche v und r: **v = r ?**

cc. Hybridsystem

Ein großer Nachteil der asymmetrischen Verschlüsselung besteht darin, daß alle heute bekannten Implementierungen wesentlich langsamer sind als symmetrische Verschlüsselungen.[555] Dies ist der Hauptgrund dafür, daß in der Praxis überwiegend eine Kombination aus (schneller) symmetrischer und (flexibler) asymmetrischer Verschlüsselung angewendet wird.[556] Die Kombination der beiden Systeme wird als Hybridsystem bezeichnet.[557]

Das asymmetrische Verfahren dient in diesem Rahmen zumeist dem sicheren Austausch eines symmetrischen Sitzungsschlüssels. Der Sender einer Nachricht

---

554 Im DSS ist festgelegt, daß dies mittels der Einweg-Hashfunktion *Secure Hash Algorithm* (SHA) geschieht.

555 Statt vieler *Beutelspacher*, S. 118; *Kopp*, S. 6.

556 Dazu etwa *Bitzer/Brisch*, S. 97; *Beutelspacher*, S. 136 ff.; *Gerling*, DuD 1997, 197, 199.

557 Eingehend *Kopp*, http://www.wolfgang-kopp.de/krypto.html, S. 6.

generiert einen zufällig symmetrischen Schlüssel mit dem er seine Nachricht in Chiffretext umwandelt.[558] Daraufhin verschlüsselt er mit dem öffentlichen Schlüssel des Empfängers den symmetrischen Sitzungsschlüssel und versendet den Chiffretext einschließlich des verschlüsselten Sitzungsschlüssels. Der Empfänger kann nun mit seinem privaten Schlüssel den Sitzungsschlüssel dechiffrieren und mit diesem den Chiffretext der Nachricht wieder in Klartext umwandeln. Bei diesem Verfahren wird die Datenmenge, die mit dem zeitaufwendigen asymmetrischen Verfahren transformiert wird, gering gehalten. Der Großteil der Datenmenge – die eigentliche Nachricht – wird sodann mit dem wesentlich schnelleren symmetrischen Verfahren transformiert.[559]

b. Verschlüsselung des Klartextes

Durch die ausschließliche Verwendung einer Signatur kann eine vertrauliche Behandlung der Daten nicht gesichert werden. Um dies zu gewährleisten, bietet es sich an, ein kryptographisches Verfahren zu verwenden.[560] Kryptographie ist eine Wissenschaft, die sich damit beschäftigt, wie man den Inhalt von Nachrichten verheimlicht, sie also vor unbefugter Kenntnisnahme absichert.[561] Sie ist die Wissenschaft von den (offenen) Geheimschriften (Kryptographie), ihrer unberufenen Entzifferung (Kryptoanalyse) und den Vorschriften, die dazu dienen sollen, die unberufene Entzifferung zu erschweren (Chiffriersicherheit).[562]

Bereits Gaius Julius Caesar nutzte ein Verschlüsselungssystem, um geheime Nachrichten vor neugierigen Augen zu schützen: Jeder Buchstabe wurde zum Verschlüsseln um drei Positionen im Alphabet verschoben, so daß aus einem A im Klartext ein D im Chiffretext, aus einem B ein E wurde und so weiter.[563] Im Laufe der folgenden Jahrhunderte wurden die Verschlüsselungsverfahren weiterentwickelt und zunächst schwerpunktmäßig im militärischen, diplomatischen und geheimwissenschaftlichen Bereich angewandt.[564] Den entscheidenden Durchbruch zum Einsatz kryptographischer Verfahren auch im nichtmilitärischen Bereich brachte wohl die Entdeckung der sog. asymmetrischen Krypto-

---

558 Vgl. *Hanses*, http://www.stud.uni-bayreuth.de/~a1325/privat/seminar/semin1.htm, S. 4.
559 Nach diesem Verfahren arbeitet auch das verbreitete Verschlüsselungsprogramm PGP.
560 Vgl. dazu *Mertes* in CR 1996, 768, 774, der darauf hinweist, daß die Funktionen Verschlüsselung und Signatur technisch wie rechtlich völlig eigenständig zu betrachten sind.
561 Eingehend *Bauer*, S. 5.
562 Vgl. *Bauer*, S. 26.
563 Vgl. *Beutelspacher*, S. 13.
564 Eingehend *Beutelspacher*, S. 2, 3.

graphie durch *Diffie* und *Hellman* im Jahre 1976 und die Einführung des amerikanischen Data Encryption Standard (DES).[565]

Begrifflich wird zwischen dem Klartext, dem nicht abgesicherten Text, und dem Chiffretext, also dem abgesicherten Text, unterschieden.[566] Um eine vertrauliche Behandlung des Dokuments zu gewährleisten, ist es unter Nutzung des asymmetrischen Verschlüsselungsverfahrens möglich, den Klartext zu verschlüsseln.

Wie bei der Erstellung einer Signatur wird auch bei der Kryptographie mit einem asymmetrischen Verschlüsselungssystem gearbeitet. Während aber die Signatur mit dem geheimen Schlüssel erstellt wird und der Text von beliebiger Seite mit dem öffentlichen Schlüssel gelesen werden kann, werden die Daten zum Zwecke der Geheimhaltung mit dem öffentlichen Schlüssel verschlüsselt, um ausschließlich vom Inhaber des passenden privaten Schlüssels wieder dechiffriert werden zu können.[567] Jeder, der eine verschlüsselte Nachricht verschicken möchte, besorgt sich den öffentlichen Schlüssel des Schlüsselpaars seines Korrespondenten, verschlüsselt seine Nachricht damit und verschickt den Chiffretext.[568] Zunächst wird eine Anfrage an den E-mail-Client des Adressaten gestellt, um dessen öffentlichen Schlüssel zu erfragen. Nur dieser öffentliche Schlüssel kann sodann zur Verschlüsselung herangezogen werden, da ausschließlich der dazu passende private Schlüssel den Text wieder entschlüsseln und in den ursprünglichen Klartext übersetzen kann. Zur Verdeutlichung sei darauf hingewiesen, daß auch dem Absender dieser private Schlüssel – genau wie allen Unbefugten – nicht zur Verfügung steht und der verschlüsselte Text daher auch vom Absender nicht mehr gelesen werden kann.

c. Kombination: Signatur und Verschlüsselung

Um ein Dokument zu „unterschreiben" und dieses „geheim und vertraulich" zu versenden, kann auch ein signiertes Klartext-Dokument in einen Chiffretext umgewandelt werden. Man benötigt dazu zwei Schlüsselpaare: Vom ersten Schlüsselpaar nutzt man den private key, um eine digitale Signatur zu erzeugen. Wenn diese Nachricht ausgespäht wird, können auch Unbefugte diesen Klartext lesen. Daher greift man in einem zweiten Schritt auf den public key des Empfängers zurück und chiffriert damit den gesamten Text samt Signatur. Dieser Chiffretext kann sodann nur noch vom Inhaber des dazugehörigen private key geöffnet wer-

---

565 Historischer Überblick bei *Kopp* http://www.wolfgang-kopp.de/krypto.html, S. 3 (abgerufen am 28.01.2000), der auf *Diffie/Hellman* in Trans.IEEE Inform. Theory 1976, 644 verweist.

566 Vgl. *Kopp*, www.wolfgang-kopp.de/krypto.html, S. 3 (abgerufen am 28.01.2000).

567 Siehe hierzu *Kühn* in Hoeren/Schüngel, S. 71.

568 Dazu *Bauer*, S. 155; *Beutelspacher*, S. 115, 116.

den. Damit ist sowohl die Vertraulichkeit und die Integrität des Dokumentes sowie die Feststellbarkeit des Dokumentenurhebers gewährleistet.[569]

C. Rechtliche Würdigung

Ungesicherte elektronische Nachrichten kommen nicht unmittelbar beim Empfänger an, sondern werden über verschiedene Stationen des Netzes geschickt, wo sie gelesen und verändert werden können. Gerade auch die Absenderadresse einer E-Mail kann beliebig verändert werden und bietet so keine Sicherheit, daß der angegebene Absender auch der tatsächliche Aussteller ist. Vielmehr ist der Verfasser des Dokuments oder der Absender der Mitteilung gar nicht identifizierbar, weil Fälschungen mit teilweise geringem Aufwand möglich sind.[570] All dies erzeugt Vertrauens- und Beweisprobleme[571], die ein Hindernis bei der sicheren Nutzung neuer Kommunikationsformen wie dem Internet darstellen. Hier bietet die digitale Signatur einen Ausweg, indem sie Rechtssicherheit durch Fälschungssicherheit schafft. Obwohl die digitale Signatur die wohl beste Sicherungsmethode darstellt, können jedoch auch hier Sicherheitsrisiken auftreten.

I. Sicherheitsrisiken elektronischer Signaturverfahren

1. Gefahren bei uneingeschränkter Nutzungsmöglichkeit

Bei der Betrachtung des Einsatzes kryptographischer Verfahren ist ein großes Konfliktpotential erkennbar. Zum einen ist die Verwendung von kryptographischen Verfahren notwendig, um einen möglichst großen Schutz der Privatsphäre auch im elektronischen Datenverkehr zu erreichen, andererseits müssen die Interessen der Strafverfolgungsbehörde Berücksichtigung finden.

a. Mißbrauchspotential

Es besteht bei der uneingeschränkten Nutzungsmöglichkeit kryptographischer Verfahren die Gefahr, daß die organisierte Kriminalität, Rauschgifthändler, Terroristen oder feindliche Militärs mit verschlüsselten Nachrichten im Internet ein unkontrollierbares Kommunikationsmedium erhalten.[572] Daher besteht seitens der Strafverfolgungsbehörden und Geheimdienste ein berechtigtes Interesse, derartige Korrespondenz abhören bzw. einsehen zu können. Dieser Aspekt macht das Interesse des Staates verständlich, die Kryptoverfahren zu

---

569 Zur Überprüfung der digitalen Signatur vgl. *Bieser/Kersten*, S. 60 ff.

570 Statt vieler: *Bizer*, DuD 1997, 203 vor 1.1; *Roßnagel*, DuD 1997, 75.

571 zur Beweiskraft elektronischer Dokumente und der digitalen Signatur vgl. *Bielfeldt/Brisch*, S. 22 ff.

572 So auch *Deville/Kalthegener*, NJW-CoR 1997, 168, 170.

macht das Interesse des Staates verständlich, die Kryptoverfahren zu reglementieren.

b. Reglementierungsmöglichkeiten

Um einen kontrollierbaren Rahmen zu gewährleisten, käme die Verwendung kurzer Schlüssel bzw. schwacher Algorithmen in Betracht.[573] Diese Möglichkeit (eine Beschränkung der Schlüssellänge auf 40 Bit oder 64 Bit) wird bereits in den USA angewandt. Problematisch ist jedoch, daß eine derartige Handhabung dem Sinn der Kryptographie widerspricht. Eine solche Schlüssellänge kann auch von anderen Fachkundigen entschlüsselt werden und wird dann die erwünschte Sicherheit nicht mehr bieten. Die heute häufig verwandte Schlüssellänge von 1024 Bit ist dagegen auch bei äußerster Anstrengung nach dem heutigen Stand der Technik und voraussichtlich auch in ferner Zukunft nicht entschlüsselbar.[574]

Auch eine Schlüsselhinterlegung[575], bei dem jeder Nutzer eine Kopie seines Schlüssels bei einer dritten Institution hinterlegen müßte[576], stellt eine ungeeignete Reglementierung dar, da jede Kopie und Speicherung des Schlüssels die „Abhörgefahr" durch Unbefugte eröffnet.

c. Abwägung

Verschlüsselungsprogramme beinhalten ein erhebliches Mißbrauchspotential.[577] Daher soll eine Reglementierung von Kryptoverfahren dazu dienen, Verbrechern den Austausch von kriminellem Gedankengut über das Internet zu erschweren, indem die Strafverfolgungsbehörden in die Lage versetzt werden, diese Korrespondenz zu entschlüsseln. Neben der Tatsache, daß die realisierbaren Reglementierungsverfahren immer die Möglichkeit bieten, diese zu umgehen[578], wird jedoch auch das Schutzniveau elektronischer Datensendungen erheblich vermindert. Darüber hinaus können langfristige Benutzerprofile durch die anfallenden Verbindungs- und Inhaltsdaten angelegt werden, die den Nutzer zu einem „gläsernen Menschen" degradieren würden. Dies gilt es zu vermeiden. Vor dem Hintergrund, daß die Sicherheitsanforderungen an die digitale Signatur eine gute Schlüsselqualität und eine ausreichende Schlüssellänge beinhalten,[579] ist

---

573 Vgl. *Hanses*, http://www.stud.uni-bayreuth.de/~a1325/privat/seminar/semin2.htm.

574 Vgl. z.B. *Deville/Kalthegener*, NJW-CoR 1997, 168, 170, *Kuner*, NJW-CoR 1995, 413, 415.

575 Wird in den USA mit Hilfe des sog. Clipper-Chips auf freiwilliger Basis angeboten.

576 Vgl. *Hanses*, http://www.stud.uni-bayreuth.de/~a1325/privat/seminar/semin2.htm.

577 Vgl. dazu in einer rechtsvergleichenden Untersuchung *Hermeler*, S. 8 ff.

578 Dazu ausführlich *Hanses*, http://www.stud.uni-bayreuth.de/~a1325/privat/seminar/semin2.htm.

579 Eingehend *Bizer/Pordesch/Roßnagel*, http://www.porvet.org/bib/mmge/.

von einer Begrenzung der Verschlüsselungsmethoden Abstand zu nehmen. Jene delinquenten Kreise können bereits heute in der gewöhnlichen Briefpost, am Telefon oder mit versendeten Disketten fremde, geheime oder zerhackte Sprachen anwenden, ohne daß der Brief- oder Telefonverkehr auf bestimmte Sprachen beschränkt wird.[580] Im übrigen würde diese Beschränkung eine ernste Gefahr für die weitere wirtschaftliche Entwicklung des Internets darstellen.[581]

2. Schwachstellen: Computer und Mensch

a. Schwachstelle Computer

Zwar ist die digitale Signatur nach dem heutigen Stand der Technik als sicher einzustufen, grundsätzlich bringt die bei der Signatur eingesetzte Hashfunktion jedoch die Möglichkeit einer Kollision mit sich.[582] Kollision bedeutet, daß verschiedene Dokumente bestehen, die denselben Fingerabdruck/Hash-Wert haben. Dies gilt es unbedingt zu vermeiden. Daher muß sichergestellt werden, daß es praktisch unmöglich ist, zwei Dokumente zu finden, die denselben Fingerabdruck haben, oder ein Dokument zu erzeugen, welches einen bereits vorhandenen Fingerabdruck besitzt.[583] Das Risiko, daß eine Veränderung am Dokument nicht erkannt wird, weil das veränderte Dokument denselben Hash-Wert hat wie das Original, kann durch eine geeignete Hashfunktion sehr klein gehalten werden. Die Geeignetheit einer Hashfunktion beruht darauf, daß bestimmte zahlentheoretische Probleme sehr schwierig sind. Der oben vorgestellte RSA-Algorithmus etwa verläßt sich darauf, daß es kaum einmal gelingt, die Primfaktorzerlegung großer Zahlen zu ermitteln, während der DSA auf der Schwierigkeit beruht, den diskreten Logarithmus zu berechnen. Aus der möglichen Rechenleistung vorhandener Computer und der zu erwartenden Steigerung kann man herleiten, wie lange es dauern würde, diesen Rechenaufwand auch tatsächlich zu leisten. Hieraus kann wiederum abgeleitet werden, wie lang die Schlüssel sein müssen, d.h. in welcher Größenordnung sich die Zahlen bewegen müssen, um als sicher angesehen werden zu können. Da aber immer ein Restrisiko besteht, muß eine regelmäßige Kontrolle stattfinden, während die Hashfunktionen gegebenenfalls erneuert oder zumindest permanent aktualisiert[584] werden müssen.

Eine weitere Schwachstelle stellt das Speichermedium dar. Da die Schlüssel moderner Kryptoverfahren eine durchschnittliche Länge von 1024 Bit erreichen,

---

580 Vgl. *Deville/Kalthegener*, NJW-CoR 1997, 168, 169.
581 Näher *Kuner*, NJW-CoR 1995, 413, 416.
582 Vgl. *Dobbertin*, DuD 1997, 82, 83.
583 Siehe hierzu *Kühn* in Hoeren/Schüngel, S. 74.
584 Vgl. *Hanses*, http://www.stud.uni-bayreuth.de/~a1325/privat/seminar/semin2.htm.

sind die wenigsten Inhaber eines privaten Schlüssels in der Lage, sich den Schlüssel in der ganzen Länge zu merken. Demzufolge müssen diese Schlüssel auf einem Datenträger gespeichert werden. Dies kann ein konventionelles Speichermedium im Computer selbst oder eine mobile Chipkarte sein. Neben der Zugriffsmöglichkeit durch Diebstahl oder Fund, kann der unbefugte Interessent sich eines Virus[585] bedienen. Unter einem Virus versteht man ausführbare Computerdaten, welche, einmal in ein System unentdeckt eingedrungen, sich duplizieren und somit die vom Programmierer des Virusprogrammes bezweckte Änderungen an den Daten des „befallenen" Computers vornehmen. Ein solcher Virus könnte, wenn es die Schlüsseldatei findet, diese kopieren und an den Angreifer senden.[586]

Ein weiteres Sicherheitsrisiko stellt die verwendete Software dar. Da der Mensch die in elektronischer Form gespeicherten Daten nicht direkt einsehen kann, ist er darauf angewiesen, daß diese in geeigneter Form dargestellt werden.[587] Deshalb wäre es theoretisch möglich, – z.B. durch ein weiteres Dokument hinter dem auf dem Bildschirm angezeigten – Anwender dazu zu bringen, Daten zu signieren, die sie gar nicht signieren wollen. Zu Recht weisen *Bielfeldt/Brisch* daher auf den Grundsatz des Signaturgesetzes „what you see is what you sign" hin.[588] Der Anwender muß Vertrauen in seine Signiersoftware haben können, da es denkbar ist, daß manipulierte Software bei der Verifikation von Signaturen zum Einsatz kommt, die dann dem Anwender falsche Informationen über das Ergebnis der Verifikation liefert bzw. schlichtweg die Verifikation eines anderen als das gewollte Dokument bestätigt. Das würde dazu führen, daß der Aussteller ein Dokument signiert, welches er nicht sieht und für dessen Inhalt er auch nicht die Verantwortung übernehmen möchte. Daher muß eine genaue Überprüfung der angewandten Software vorgenommen werden.

b. Schwachstelle Mensch

Der auf dem Computer des Nutzers oder auf der Chipkarte gespeicherte Schlüssel wird überwiegend durch ein Passwort oder eine PIN gesichert. Mit der Eingabe dieses Passwortes oder der PIN muß sich der Benutzer gegenüber dem Computer ausweisen, wenn er den Schlüssel aktivieren will. Das Passwort muß auswendig gelernt werden und darf deshalb eine gewisse Länge nicht übersteigen. Auch die sog. Passphrase verspricht keine deutliche Sicherheitssteigerung.

---

585 Wird in der Funktion auch als trojanisches Pferd bezeichnet.

586 So *Hanses*, http://www.stud.uni-bayreuth.de/~a1325/privat/seminar/semin2.htm.

587 Vgl. zum fehlenden Nachweis der Präsentation *Pordesch*, DuD 2000, 89; über die Schwachstelle des Microsoft-Betriebssystem Windows berichtete auch die WAZ am 14.06.2001 (Nummer 136).

588 *Bielfeldt/Brisch*, S. 8.

Erhält der Unbefugte Zugriff auf die Chipkarte oder den Computer, in dem der Schlüssel gespeichert ist, besteht die Möglichkeit, daß durch simples „Ausprobieren“ das Paßwort ermittelbar ist. Dies ist aber äußerst unwahrscheinlich, da selbst bei einer vierstelligen PIN, bei der die erste Stelle niemals eine Null ist, 9000 zulässige PIN-Werte existieren.[589] Wenn die Karte nach einem Dritten Fehlversuch automatisch gesperrt wird,[590] müßte ein Dieb im Durchschnitt 3000 Chipkarten stehlen,[591] um eine PIN zu ermitteln. Oftmals wird Unbefugten diese Arbeit erleichtert, indem das Paßwort in Sichtweite des Computers oder direkt auf der Chipkarte verzeichnet ist.[592] Sobald der Angreifer im Besitz des Paßwortes ist, kann er – wie der rechtmäßige Nutzer – Zugriff auf dessen verschlüsselte Daten nehmen und im Namen des Nutzers Dokumente signieren und versenden.

Diese Gefahr könnte allerdings durch die Einführung biometrischer Identifizierungsverfahren eingedämmt werden.[593] Bei biometrischen Ausweisverfahren identifiziert sich der Nutzer gegenüber dem Computer durch unverwechselbare körperliche Merkmale, wie z.B. Fingerabdruck, Retinamuster oder Stimmvergleich. Allerdings ist auch dieses Verfahren nicht frei von Fehlerquellen. So kann z.B. ein Schnitt in den Finger den rechtmäßigen Nutzer daran hindern, sich für seinen eigenen Schlüssel anmelden zu können. Ferner besteht auch hier die Gefahr, daß der Nutzer durch Täuschung, Drohung oder Zwang dazu gebracht wird, den Schlüssel dem Angreifer direkt verfügbar zu machen.[594]

Eine weitere Möglichkeit, das Passwort abzulösen, kann in einem Notepad gesehen werden, auf welchem der rechtmäßige Nutzer sich mit seiner Unterschrift anmeldet. Dieses System verspricht eine vergleichbar hohe Fälschungssicherheit und bietet darüber hinaus den Vorteil einer bewußten Leistung der Unterschrift.

---

589 Eingehend *Schindler*, NJW-CoR 1997, 283.

590 Dies ist beispielsweise bei ec-Karten der Fall.

591 Am Beispiel des Geldabhebens mittels einer gestohlenen ec-Karte vgl. *Schindler*, NJW-CoR 1997, 283.

592 So auch in der Rechtsstudie „Rechtspfleger“, aus der hervorging, das viele Rechtsanwälte sowohl das Passwort, wie auch die Chipkarte dem Sekretariat zur Verfügung stellten, um sich des lästigen Signiervorgangs zu entledigen. vgl. Auswertungen bei *Pordesch/Nissen*, CR 1995, 562, 567.

593 Detailliert *Wirtz*, DuD 1999, 129 ff., vgl. auch zum biometrischen Ausweis *Bleumer*, DuD 1999, 155 ff.

594 Dazu *Hanses*, http://www.stud.uni-bayreuth.de/~a1325/pivat/seminar/semin2.htm.

3. Authentizität

Das Grundproblem[595] der elektronisch gespeicherten oder ausgetauschten Daten liegt in der Flüchtigkeit und Veränderbarkeit der Daten. Dies führt dazu, daß sowohl die Angaben über den Aussteller und den Inhalt der Datei als auch über den Zeitpunkt der Erstellung einer besonderen Sicherheit bedürfen.[596] Ein großes Gefahrenpotential liegt darin, daß der Absender nicht kongruent zu dem Schlüsselinhaber des private key ist und so Dokumente unter falschem Namen versenden kann. Auch könnte sich jemand als eine andere Person ausgeben und unter dessen Namen einen öffentlichen Schlüssel verbreiten, den er selbst zusammen mit den zugehörigen privaten Schlüssel erzeugt hat. Werden Nachrichten dann mit diesem falschen öffentlichen Schlüssel verschlüsselt und an den vermeintlichen Empfänger geschickt, so braucht der Angreifer nur die Möglichkeit, diese Nachricht abzufangen. Er ist dann in der Lage, mit Hilfe des ihm bekannten privaten Schlüssels die Nachricht lesbar zu machen. Mit rein mathematischen bzw. technischen Mitteln allein sind die Anforderungen an eine digitale Signatur daher nicht zu erfüllen. Die technischen Anforderungen der Fälschungssicherheit sowohl der Signatur als auch des signierten Dokumentes gelten zwar bei den gängigen Signaturalgorithmen als erfüllt; die Mathematik kann jedoch keine Zuordnung einer Signatur zu einer realen Person leisten. Sie kann lediglich eine Signatur einem bestimmten öffentlichen Schlüssel zuordnen. Daher ist eine Sicherungsmöglichkeit dringend erforderlich.

Eine Möglichkeit wäre ein glaubhafter Dritter, der eine Art Richtigkeitsgarantie übernimmt. Dieser Dritte muß dafür Sorge tragen, daß sich hinter dem Besitzer des private key auch tatsächlich der verbirgt, für den er sich ausgibt. Darüber hinaus müssen diese Schlüssel verwaltet werden. Auch ist es erforderlich, daß der Empfänger eines signierten Dokuments sich bei dem Dritten davon überzeugen kann, daß dieses auch von dem angegebenen Absender stammt. Es muß also eine zuverlässige Zuordnung zwischen einer Person bzw. einem Namen mit sonstigen Identifikationsdaten und dem öffentlichen Signaturschlüssel ermöglicht werden. Diese Zuordnung ist durch eine Zertifizierung realisierbar. Dafür müßten Zertifizierungsinstanzen, d.h. vertrauenswürdige, unabhängige Stellen, eingerichtet werden, welche in Form von elektronischen Zertifikaten bestätigen, daß bestimmte private keys zu bestimmten Personen oder Organisationen gehören.

---

595 Um diese zu erkennen, wurde ein Simultanstudie durchgeführt vgl. *Pordesch/Nissen*, CR 1995, 563, die auf *Bizer/Grimm/Hammer/Kumbruck/Pordesch/Roßnagel/Sarbinowski/Schneider/Schneider,* Rechtsverbindliche Telekooperation in der elektronischen Vorgangsbearbeitung, GMD-Studien Nr. 261, Sankt Augustin 1995 verweisen.

596 Detailliert *Rott*, NJW-CoR 1998, 420; vgl. auch *Thiel*, DuD 2000, 77.

Diese Möglichkeit wurde vom deutschen Gesetzgeber erkannt und in dem Gesetz zur Regelung der Rahmenbedingungen für Informations- und Kommunikationsdienste (IuKDG), in Art. 3, dem Gesetz zur digitalen Signatur, normiert.

II. Gesetzliche Grundlagen

1. Signaturgesetz (SigG) und Signaturverordnung (SigV)

Nach zehn Jahren Diskussion und einer zweijährigen Vorbereitung[597] ist als weltweit[598] erstes Gesetz zur digitalen Signatur für den gesamten Rechtsraum eines Staates das SigG[599] als Art. 3 des IuKDG am 1. August 1997 in Kraft getreten.[600] Die Bundesregierung wurde durch § 16 SigG ermächtigt, „durch Rechtsverordnung die zur Durchführung der §§ 3 bis 15 erforderlichen Rechtsvorschriften zu erlassen". Am 20.12.1996 wurde daraufhin aus dem Bundesinnenministerium ein Entwurf einer Signaturverordnung vorgelegt.[601] Diese Verordnung wurde am 8.10.1997 von der Bundesregierung beschlossen und zum 1.11.1997 in Kraft gesetzt.[602]

a. Regelungsbedarf

Wie bereits aufgezeigt, stellt die Frage, wie sich der Empfänger sicher sein kann, daß das Schlüsselpaar tatsächlich der Person zugeordnet ist, die in der Signatur angegeben ist, ein grundlegendes Problem dar. Der Empfänger benötigt ein verläßliches System, welches garantiert, daß sich hinter der angezeigten Signatur auch tatsächlich derjenige verbirgt, für den der Absender sich ausgibt. Die Identifikation des Ausstellers eines Dokuments durch das asymmetrische Verfahren beruht darauf, daß der öffentliche Schlüssel dem Schlüsselinhaber zuverlässig zugeordnet werden kann. Dies kann nur durch einen Dritten gewährleistet werden, welcher die Authentizität des Ausstellers und des entsprechenden öffentlichen Schlüssels prüft. Wollen zwei Personen rechtsverbindlich korrespondieren, muß ein Dritter bestätigen, daß der öffentliche Schlüssel einer bestimmten Person und nur dieser zugeordnet und der passende geheime Schlüssel nur

---

597 Dazu *Roßnagel*, RDV 1998, 5.

598 In vielen US-Staaten ist ein Signaturgesetz in Kraft, jedoch gelten diese nur für den Staat und schränken den Geltungsbereich oft nur auf den Kontakt zur öffentlichen Verwaltung ein.

599 BGBl. I, 1870.

600 Vgl. *Roßnagel*, http://www.uni-kassel.de/fb6/oeff_recht/disDin99.htm (abgerufen am 27/01/00).

601 Vgl. *Roßnagel*, RDV 1998, 5, 11.

602 BGBl. I, 2498.

ihr übergeben worden ist.[603] Diese Bestätigung erfolgt dann ebenfalls durch digitale Signatur und wird Zertifikat genannt. Hier stellt sich sodann die Frage, ob dieses Zertifikat auch tatsächlich von dem angegebenen Dritten stammt. Dies könnte durch einen weiteren „vertrauenswürdigen Dritten" zertifiziert werden. Und wer bestätigt dieses Zertifikat? Letztendlich endet der „theoretisch infinite Regreß"[604] in der Praxis bei einer genehmigungsbedürftigen[605] Zertifizierungsstelle, die dem Empfänger durch seine eigenen elektronischen Kontakte als vertrauenswürdig bekannt ist. Um diese Vertrauenswürdigkeit und Zuverlässigkeit der Zertifizierungsstellen zu gewährleisten, bedarf es einer gesetzlichen Normierung. Klare Rahmensetzungen für den Aufbau sowie für die Genehmigung und Überwachung der Instanzen sind dabei erforderlich.

b. Gesetzgebungsverfahren

aa. Entwürfe

Infolge der langanhaltenden Diskussionen[606] um den Regelungsbedarf bei digitalen Signaturen stellte das Bundesinnenministerium[607] im Vorwort zur Tagungsdokumentation des ersten Forums „Elektronischer Rechtsverkehr" der Bundesnotarkammer fest, daß „spezifische rechtliche Vorgaben" zu prüfen seien.[608] Nach dem ersten Entwurf[609] der Bundesnotarkammer vom 20.09.1995 sollte die sogenannte „elektronische Unterschrift" als Formvorschrift neben der Schriftform des § 126 BGB in einem neuen § 126a BGB[610] eingefügt werden.[611] Das digital signierte Dokument sollte als eigenständiges Beweismittel vergleichbar dem Urkundsbeweis im Rahmen eines neuen elektronischen Dokumentenbeweises zugelassen werden.[612] Dieser Entwurf wurde jedoch verworfen, nachdem in Anlehnung an den Entwurf der „Projektgruppe verfassungsverträg-

---

603 Differenzierend *Roßnagel*, RDV 1998, 5, 6.
604 *Roßnagel*, RDV 1998, 5, 6.
605 nach dem SigÄndG ist eine Genehmigung der Zertifizierungsstellen nicht mehr erforderlich.
606 Ausführlich zu dem Entstehungsprozeß der Signaturregelungen *Roßnagel*, RDV 1998, 5, 6.
607 Die Verantwortung für die Vorarbeiten zur Regulierung der digitalen Signaturen lag beim Bundesinnenministerium.
608 Dazu verweist *Rossnagel*, RDV 1998, 5, 6 auf die Bundesnotarkammer (Hrsg.), Elektronischer Rechtsverkehr 1995, 147 ff.
609 Abgedruckt in Alcatel SEL Stiftung (Hrsg.), Rechtsverbindliche Telekooperation, S. 50 ff.
610 Zitiert in *Geis*, NJW 1997, 3000, 3003 in Fußnote 34.
611 Vgl. *Erber/Faller*, CR 1996, 375, 380.
612 Vgl. dazu *Allenstein* in Hoeren/Schüngel, S. 25.

licher Technikgestaltung“ (provet)[613] Einigung darüber erzielt wurde, daß vor der materiell-rechtlichen Änderung zunächst ein Rahmen für die Sicherungsinfrastruktur geschaffen werden sollte.

Nachdem durch eine Umfrage bei Wirtschaftsverbänden und wissenschaftlichen Organisationen ein dringender Regelungsbedarf festgestellt wurde, ist bereits am 12.08.1995 ein erster Vorentwurf vom Innenministerium in Form einer „Verordnung über die Anerkennung von Verfahren zur elektronischen Unterschrift nach § 126a Abs. 2 BGB – Elektronische Unterschriftenverordnung – (EVU)“ auf Arbeitsebene vorgelegt worden.[614] Dieser wurde durch einen zweiten[615] und dritten[616] Vorentwurf im Folgenden unwesentlich modifiziert, sah aber – im Gegensatz zum ersten Vorentwurf – keine Aufgabe mehr für Notare vor. Vielmehr sollte die Feststellung der Identität und die Unterrichtung der Antragsteller durch die Zertifizierungsinstanzen erfolgen. Darüber hinaus enthielten die Entwürfe Anforderungen an die technischen Komponenten und Verfahren in Zertifizierungsinstanzen.[617]

Heftige Kritik wurde indes an den zivilrechtlichen Form- und Beweisregelungen geübt, welche vom Vorentwurf mit umfaßt werden sollten. Es wurde angeführt, daß die tatsächliche Formäquivalenz der digitalen Signatur und der faktische Beweiswert nicht ohne jede Erfahrung mit der Technik durch rechtliche Fiktionen festgelegt werden können.[618]

Auch wurde bemängelt, daß die zivilrechtliche Regelungsstrategie sich selber hemmt, indem sie einen Entwurf zur Änderung des BGB und der ZPO voraussetzt, für den das Bundesjustizministerium zuständig war, welches – zumindest wohl vorerst – keinen konkreten Regelungsbedarf sah.

Ende 1995 wurde das Bundesforschungsministerium[619] damit beauftragt, ein „Multimediagesetz“ zu erarbeiten. In dieses Gesetz sollte auch eine Regelung zum elektronischen Rechtsverkehr mit aufgenommen werden. Nach der kritischen Diskussion des bisherigen Regelungsansatzes und der Vorlage des von *provet* erarbeiteten Gesetzesentwurfs setzte sich eine abgestufte Vorgehensweise

---

613 Abrufbar unter http://www.provet.org/bib/mmge/ (abgerufen am 02.03.2000).

614 Vgl. dazu *Roßnagel*, RDV 1989, 5, 9.

615 Vom 30.08.1995.

616 Vom 24.10.1995 (abgedruckt in Alcatel SEL Stiftung Rechtsverbindliche Telekooperation, Dokumentation der Tagung am 29.11.1995, 14 ff.).

617 Vgl. *Roßnagel*, RDV 1998, 5, 9.

618 Vgl. *Rossnagel*, RDV 1998, 5, 10.

619 Während die Gesamtfederführung für das IuKDG beim Bundesministerium für Bildung, Wissenschaft, Forschung und Technologie lag, wurde das Signaturgesetz federführend vom Bundesministerium des Inneren bearbeitet; dazu *Bieser*, CR 1996, 564, 567.

durch:[620] Zunächst sollten lediglich Rahmenbedingungen geschaffen werden, um neue Erkenntnisse – etwa über den Beweiswert digitaler Signaturen – zu erlangen. Erst in einem zweiten, zeitlich versetzten Schritt, soll dann über das Erfordernis weiterer Regelungen, z.B. zivilrechtlicher oder prozessualer Art, nachgedacht werden. Inhaltlich sollte der erste Schritt zunächst zu einer Regulierung der Sicherungsinfrastruktur führen.

Am 28.06.1996 wurde ein Referentenentwurf zum Signaturgesetz vorgestellt. Dieser Entwurf enthielt Voraussetzungen, unter denen Signaturverfahren als sicher gelten können, sowie weitere Regelungen für die Zulassungen von Zertifizierungsstellen.[621]

Der daraufhin erstellte erste Vorentwurf[622] umfaßte 15 Paragraphen zu Verfahrensregeln, Konkretisierungen der organisatorischen und technischen Sicherheitsanforderungen sowie Regelungen zum Datenschutz. Auch wurden weitere Regelungen zu den Zertifizierungsstellen sowie zu Rechten und Obliegenheiten des Schlüsselinhabers eingefügt.

bb. Beschlußverfahren

Der Entwurf des IuKDG und damit auch dessen Art. 3, das „Gesetz zur digitalen Signatur“ wurde am 11.12.1996 durch die Bundesregierung beschlossen und dem Bundesrat vorgelegt.[623] Nach einer Überprüfung durch den Bundesrat empfahl dieser am 21.02.1997, das digitale Signaturgesetz aus dem Entwurf des Informations- und Kommunikationsdienstgesetzes herauszunehmen.[624] Trotz einer umfassenden Begründung[625] ist der Bundestag der Empfehlung nicht gefolgt.

cc. Verabschiedung des IuKDG

Am 13.06.1997 verabschiedete der Bundestag das IuKDG einschließlich des Signaturgesetzes. In der dazu veröffentlichen Entschließung[626] wird betont, daß mit dem Gesetzesentwurf Neuland betreten würde und dies insbesondere für die digitalen Signaturen gelte. Die Regelungen zur digitalen Signatur müßten – im

---

620 http://www.provet.de.

621 Vgl. *Rossnagel*, RDV 1998, 5, 10; *Bieser* weist in CR 1996, 564, 567 darauf hin, daß bereits am 2. Mai 1996 der Bundesminister für Bildung, Wissenschaft, Forschung und Technologie (Dr. Rüttgers) ein Eckwertpapier zum Multimediagesetz der Öffentlichkeit vorstellte.

622 Vom 27.06.1996.

623 BR-Drs. 966/96, S. 19 ff.; vgl. auch *Bröhl*, CR 1997, 73.

624 Siehe Dokumentation DuD, 1997, 289.

625 Allgemeiner Teil der Begründung zu Art. 3, II, BR-Drs. 966/96, S. 19 ff.

626 BT-Drs. 13/7935.

Hinblick auf ihren Experimentalcharakter – sorgfältig, auch durch begleitende wissenschaftliche Forschung, beobachtet werden, um gegebenenfalls erforderliche Anpassungen und Ergänzungen des Rechtsrahmens in geeigneter Form aufgreifen zu können.[627] Die technikneutrale Regelung lasse dabei Raum für unterschiedliche, innovative Lösungen, soweit diese das vorgegebene Sicherheitsniveau erfüllen; es solle dem Markt überlassen werden, welche Lösungen sich durchsetzen.[628]

Die Gesetzgebungskompetenz des Bundes ergibt sich aus Artikel 74 Abs. 1 Nr. 1, 73 Nr. 9, 72 Abs. 2 GG.

c. Regelungsgehalt

Das Signaturgesetz stellt die Rahmenbedingungen für einen sicheren elektronischen Rechts- und Geschäftsverkehr auf, indem digitale Signaturen den Urheber und die Unverfälschtheit signierter Daten zuverlässig erkennen lassen.[629] Es regelt die grundsätzlichen technischen und organisatorischen Anforderungen für die Sicherungsinfrastruktur digitaler Signaturen, was dem Verbraucherschutz und der Vertrauensbildung dienen soll. Dagegen trifft es jedoch keine Regelung zur Verwendung digitaler Signaturen und sich daran anschließender Rechtsfolgen.[630] Insofern ist der Gesetzestitel „Gesetz zur digitalen Signatur" missverständlich. Passender wäre es, von einem „Sicherungsinfrastrukturgesetz" zu sprechen.[631]

aa. Sicherheitsvermutung

Fälschungssichere digitale Signaturen nach dem Signaturgesetz[632] bilden die Basis für die Einführung einer „digitalen Unterschrift" als Alternative zur gesetzlichen Schriftform und der eigenhändigen Unterschrift. Wer es nutzt, hat die Si-

---

627 BT-Drs. 13/7935.

628 Siehe dazu http://www.iid.de/iukdg/BERICHTiukdg-neu-2.html (abgerufen am 18.02.2000) [Bericht der Bundesregierung über die Erfahrungen und Entwicklungen bei den neuen Informations- und Kommunikationsdiensten im Zusammenhang mit der Umsetzung des Informations- und Kommunikationsdienste – Gesetzes]; in dem Sinne auch *Bröhl*, CR 1997, 73, 76.

629 Vgl. http://www.iid.de/iukdg/BERICHTiukdg-neu-2.html (abgerufen am 18.02.2000).

630 Vgl. *Geis*, NJW 1997, 3000, der das Signaturgesetz aufgrund der fehlenden Rechtsfolgen als gesetzgeberischen Torso bezeichnet.

631 So auch *Allenstein* in Hoeren/Schüngel, S. 26; sowie *Roßnagel*, DuD 1997, 75, 78.

632 Zur Frage, welches Gültigkeitsmodell dem Signaturgesetz zugrunde liegt, vgl. *Baum* in DuD 1999, 199 ff.

cherheitsvermutung nach § 1 Abs. 1 SigG auf seiner Seite.[633] Ungeachtet des gesetzten Rahmens ist auch die Anwendung anderer – nicht dem Signaturgesetz entsprechender – Signierverfahren gem. § 1 Abs. 2 SigG ausdrücklich freigestellt.[634] Zu unterscheiden sind daher zwei Arten von Signaturverfahren: gesetzeskonforme und nicht gesetzeskonforme.[635] Mit dieser Regelung soll verhindert werden, daß das Angebot oder die Nachfrage nach gesetzeskonformen Signaturverfahren durch das Signaturgesetz erzwungen wird, jedoch soll dieses mit der Sicherheitsvermutung belohnt werden.[636] Die Sicherheitsvermutung bezieht sich auf die Sicherheit der technischen Komponenten digitaler Signaturen und das Prüfungsverfahren. Sie begründet eine Beweiserleichterung zugunsten desjenigen, der sich durch die Vorlage digital signierter Daten auf das gesetzeskonforme Verfahren und die damit verbundene Sicherheitsvermutung berufen kann.[637] Der Beweisführer muß allerdings die Unverfälschtheit der digitalen Signatur (durch eine nach § 17 SigV geprüfte Software) und die Abstammung aus einem gesetzeskonformen Signaturverfahren nachweisen. Der Nachweis kann dadurch erbracht werden, daß die digitale Signatur von einer genehmigten Zertifizierungsstelle herrührt und mit Hilfe eines Zertifikates der Wurzelzertifizierungsstelle überprüft werden kann.[638]

bb. Sicherheitsinfrastruktur

Voraussetzung für die Anwendung digitaler Signaturen ist eine entsprechende Sicherheitsinfrastruktur[639], die sich aus genehmigten Zertifizierungsstellen, geeigneten technischen Komponenten sowie fachkundigen Stellen, welche die Sicherheit der Zertifizierungsstellen und technischen Komponenten prüfen[640] und bestätigen, zusammensetzt.[641] Das Ziel dieser hierarchischen Zertifizierung ist eine Art Personalausweis für einen öffentlichen Schlüssel.[642] Ein Personalausweis dient dazu, die Identität seines Inhabers gegenüber ihm völlig unbekannten

---

633 Den Sinn dieser beweiserleichternden Regelung sieht *Welsch*, DuD 1999, 523 in der Verfahrensabkürzung; vgl. auch http://www.iid.de/iukdg/BERICHTiukdg-neu-2.html (abgerufen am 18.02.2000).

634 Zur Technikneutralität vgl. *Schwemmer*, DuD 2000, 70.

635 Vgl. hierzu auch *Rossnagel*, MMR 1998, 76.

636 Dazu *Roßnagel*, NJW 1998, 3312, 3313.

637 Vgl. *Kunert*, CR 1997, 643; wie auch *Roßnagel*, NJW 1998, 3312, 3316.

638 So *Roßnagel*, NJW 1998, 3312, 3316.

639 Vgl. *Welsch*, DuD 1999, 520, 524, der eine vierstufige Infrastruktur vorschlägt.

640 Vgl. zum Gültigkeitsmodell *Hammer*, DuD 2000, 96

641 So auch http://www.iid.de/iukdg/BERICHTiukdg-neu-2.html [Begründung zur Verordnung zur digitalen Signatur in der Fassung des Beschlusses der Bundesregierung vom 8.10.1997] (abgerufen am 14.07.2000).

642 Vergleich bei *Reinfeld*, S. 8; vgl. auch *Bieser*, CR 1996, 564, 567, der von einem „digitalen Ausweis" spricht.

Personen nachzuweisen. Er ordnet also einem Menschen eine eindeutige soziale Identität bestehend aus Namen, Adresse, Geburtsdatum, etc. zu. Das Zertifikat ist ein kleines elektronisches Dokument, das sinngemäß folgenden Inhalt hat: „Der öffentliche Schlüssel *xyz* ist der Person *abc* zugeordnet“.

Der Gesetzgeber hat sich für eine hierarchische Zeritifizierungsstruktur entschieden. Dabei zertifiziert die Regulierungsbehörde die öffentlichen Schlüssel der genehmigten Zertifizierungsinstanzen und diese wiederum die öffentlichen Schlüssel der Teilnehmer. Daher wird von einer flachen, zweistufigen Zertifizierungshierarchie gesprochen.[643]

An der Sicherungsinfrastruktur sind nach dem Signaturgesetz fünf Akteure beteiligt:

(1) Anbieter akzessorischer Hard- und Software

Zwar werden die Hard- und Softwareanbieter im Signaturgesetz nicht explizit genannt, die Anforderungen an die jeweilige Software werden jedoch in § 14 SigG dargelegt. Durch die Darstellung der Anforderungen und Prüfungskriterien der §§ 16 und 17 SigV sollen die Sicherheitsanforderungen an die technischen Komponenten[644] aus § 14 SigG spezifiziert werden, ohne allerdings den Raum für technische Innovationen einzuengen.[645]

(2) Prüfungsstellen für Hard- und Software

Die – von der Regulierungsbehörde gem. § 14 SigG anerkannten – Prüfungsstellen untersuchen die verwendete Hard- und Software auf die Erfüllung der Kriterien aus § 14 IV SigG i.V.m. §§ 16, 17 SigV. Die Prüfung erfolgt gem. § 17 Abs. 1 S. 1 SigV nach den „Kriterien für die Bewertung der Sicherheit von Systemen der Informationstechnik“.[646]

(3) Antragsteller/Teilnehmer

Die Antragsteller können bei den Zertifizierungsstellen ein Zertifikat beantragen und dadurch in vertragliche Beziehungen zu den Zertifizierungsstellen treten

---

643 BR-Drs. 966/96, S. 33.

644 Zum Ablauf des Gültigkeitszeitraums stellt *Baum* in DuD 1999, 199 ff. verschiedene Modelle vor.

645 Vgl. die Begründung zur Verordnung zur digitalen Signatur, S. 10, Abrufbar unter http://www.iid.de/rahmen/sigv_begr.html (abgerufen am 24.02.2000).

646 Zum hohen Aufwand der ITSEC-Evaluierung vgl. *Mertes*, CR 1996, 769, 773.

(§ 5 Abs. 1 S. 1 SigG i.V.m. § 3 SigV).[647] Ein Zertifikat kann gem. § 2 Abs. 3 SigG nur einer natürlichen Person[648] ausgestellt werden, wobei die Gültigkeit des Zertifikates gem. § 7 SigV höchstens fünf Jahre beträgt.[649]

(4) Regulierungsbehörde

Die Regulierungsbehörde ist nach § 3 SigG i.V.m. § 66 Telekommunikationsgesetz seit dem 1.1.1998 die Regulierungsbehörde für Telekommunikation und Post, eine Bundesoberbehörde im Geschäftsbereich des Bundesministers für Wirtschaft.[650]

Die Regulierungsbehörde ist bundesweit die einzige sogenannte Wurzel-Zertifizierungsinstanz.[651] Diese stellt sich das Zertifikat für ihren eigenen Schlüssel selbst aus. Sie ist dafür zuständig, die Zertifizierungsstellen zu lizensieren (§ 4 Abs. 1 SigG) und die Sicherungsinfrastruktur zu kontrollieren (§ 13 SigG). Ferner muß sie ein Verzeichnis aller von ihr ausgestellten Signaturschlüssel-Zertifikate sämtlicher lizenzierter Zertifizierungsstellen führen (§§ 4 Abs. 5, 8 Abs. 2 SigG). Darüber hinaus obliegt ihr gem. § 14 Abs. 4 SigG die Anerkennung von Prüfungsstellen, welche die Sicherheit der technischen Komponenten gewährleisten sollen. Zusätzlich ist eine Liste der anerkannten Prüfungsstellen (§ 17 Abs. 4 SigV) sowie ein Katalog über geeignete Sicherungsmaßnahmen der Ablauforganisation der Zertifizierungsstellen und technischen Komponenten (§§ 12 Abs. 2, 16 Abs. 4 SigV) zu führen. Letztlich hat die Regulierungsbehörde sicherzustellen, daß technische Komponenten zur Erzeugung von Signaturschlüsseln oder zum Speichern oder Anwenden privater Schlüssel den Anforderungen des § 17 SigV entsprechen.

(5) Zertifizierungsstellen

Die Zertifizierungsstellen[652] sind natürliche oder juristische Personen, die die Zuordnung von öffentlichen Signaturschlüsseln zu natürlichen Personen – wel-

---

[647] Das Schlüsselpaar, sowie ein elektronisches Zertifikat wird erst nach der Vorlage des Bundespersonalausweises und Abschluß eines Dienstleistungsvertrages von der Zertifizierungsstelle ausgegeben, so *Bieser*, CR 1996, 564, 565.

[648] zum Problem der Vollmachtsregeln auf europäischer Ebene, vgl. *Gravesen/Dumortier/Van Eecke*, MMR 1999, 577, 582.

[649] Dahinter steht der Gedanke, daß die kryptographische Verfahren für digitale Signaturen nur für einen begrenzten Zeitraum als sicher eingestuft werden können.

[650] Vgl. *Mertes*, CR 1996, 768, 771.

[651] Vgl. *Allenstein* in Hoeren/Schüngel, S. 28.

[652] Derzeit bieten bereits die Deutsche Telekom AG und die Deutsche Post AG bundesweit Leistungen nach dem Signaturgesetz an.

che sich durch einen Ausweis legitimieren – durch ein Zertifikat bescheinigen.[653]

(a) Genehmigungspflicht[654]

Um diese Zertifikate erteilen zu können, benötigt die Zertifizierungsstelle gem. § 4 Abs. 1 SigG eine Genehmigung der zuständigen Behörde (Wurzelinstanz).[655] Dies gilt jedoch nur für solche Stellen, welche die Sicherheitsvermutung des § 1 Abs. 1 SigG für die von ihnen zertifizierten Signaturen beanspruchen. Die Genehmigungspflicht ist damit in das Ermessen des Betreibers gestellt, wobei § 4 Abs. 1 SigG kein Verbot mit Erlaubnisvorbehalt,[656] sondern nur das Angebot einer staatlichen Dienstleistung enthält.[657] Demgegenüber bezieht sich die „unglücklich gewählte Formulierung des § 2 Abs. 2 SigG"[658] allein auf die Rechtsverhältnisse nach Erteilung der Genehmigung, nicht jedoch – um den Zirkelschluß zu vermeiden – auf Rechtsfragen, die vor der Genehmigung liegen.

Gem. § 3 Abs. 1 S. 2 SigG besteht ein Anspruch auf Erteilung der Genehmigung, wenn keine der in § 4 Abs. 2 i.V.m. § 4 Abs. 3 SigG genannten Versagungsgründe vorliegen. So muß der Inhaber einer Zertifizierungsstelle gem. § 4 Abs. 3 SigG die für den Betrieb maßgeblichen Rechtsvorschriften einhalten, über die dazu erforderliche Fachkunde verfügen und ein geeignetes Sicherheitskonzept vorlegen. Dieses Konzept muß die „Maßnahmen zur Erfüllung der Sicherheitsanforderungen des Signaturgesetzes und der Rechtsverordnung nach § 16 SigG" aufzeigen. Die Rechtsverordnung (SigV) verweist dabei in § 12 Abs. 2 auf einen Maßnahmenkatalog von geeigneten Sicherheitsmaßnahmen, die im Bundesanzeiger veröffentlicht werden.[659] Ergänzt wird dieser Sicherheitsmaßnahmenkatlog durch einen Katalog nach § 16 Abs. 4 SigV, der den Einsatz

---

[653] So auch *Lesny*, S. 2.

[654] Eine Genehmigungspflicht besteht nach dem Änderungsgesetz, welches voraussichtlich am 1. Januar 2001 in Kraft tritt, nicht mehr.

[655] 1999 lagen bereits über 30 Anträge auf Genehmigung einer Zertifizierungsstelle vor, von denen bis zum Januar 1999 nur ein Antrag positiv beschieden wurde, so *Roßnagel* in NJW 1999, 1591, 1594; vgl. auch *Fox*, DuD 1999, 508, 509.

[656] Dazu *Allenstein* in Hoeren/Schüngel, S. 32, die in § 1 Abs. 2 SigG eine „dem ordnungsrechtlichen Charakter des gesamten Gesetzes relativierende Klausel" sieht und § 4 Abs. 1 SigG als Verbot mit Erlaubnisvorbehalt anerkennt.

[657] Im einzelnen *Roßnagel*, MMR 1998, 75, 76.

[658] *Roßnagel*, MMR 1998, 75, 76, der auf den Zirkelschluß der §§ 4 Abs. 1, 2 Abs. 2 SigG hinweist; vgl. aber auch *Schwemmer*, DuD 2000, 70.

[659] Der Maßnahmenkatalog ist im Internet abrufbar unter http://www.regtp.de/imperia/md/content/tech_reg_t/digisign/6.pdf.

der technischen Bestandteile betrifft.[660] Ferner muß das Sicherheitskonzept gem. § 12 Abs. 1 SigV alle Sicherheitsmaßnahmen sowie eine Übersicht über die eingesetzten technischen Komponenten und eine Darstellung der Ablauforganisation der Zertifizierungstätigkeit enthalten.[661] Wenn diese Voraussetzungen vorliegen, ist die Umsetzung der Sicherheitsanforderungen durch eine – von der zuständigen Behörde anerkannte – Stelle zu prüfen. Sollte sich bei der Prüfung herausstellen, daß die Anforderungen des § 4 Abs. 3, S. 3 SigG erfüllt sind, bestätigt die anerkannte Stelle die Umsetzung der Sicherheitsanforderungen in das Sicherheitskonzept. Um die erforderliche Sicherheit auf Dauer zu gewährleisten, hat die Zertifizierungsstelle gem. § 15 SigV „vor Betriebsaufnahme, nach sicherheitserheblichen Veränderungen sowie regelmäßig im Abstand von zwei Jahren" eine solche Prüfung zu veranlassen. Soweit keiner der Versagungsgründe einschlägig ist, hat die Regulierungsbehörde[662] die Genehmigung gem. § 4 Abs. 1, S. 2 SigG zu erteilen.

(b) Betrieb der Zertifizierungsstelle

Der Betrieb der Zertifizierungsstelle hat sich an den gesetzlich vorgesehenen Pflichtdienstleistungen zu orientieren und wird von der Regulierungsbehörde kontrolliert.[663] Darüber hinausgehende Serviceleistungen unterliegen der vertraglichen Vereinbarung mit den Teilnehmern.[664]

Als Grundvoraussetzung für die Zuverlässigkeit der Zertifikate hat die Zertifizierungsstelle Personen, die ein Zertifikat beantragen[665], gem. § 5 Abs. 1 SigG zuverlässig zu identifizieren. Diese Identifikation des Antragstellers ist gem. § 3 SigV „anhand des Bundespersonalausweises oder Reisepasses oder auf andere geeignete Weise" vorzunehmen. Darüber hinaus muß der Antrag auf ein Zertifikat gem. § 3 Abs. 1 S. 2 SigV eigenhändig unterschrieben sein, was in Verbindung mit der Identifikation nach Satz 1 und der Dokumentation nach § 13

---

660 Die einzelnen Anforderungen an die technischen Komponenten gem. § 16 SigV sind in der Begründung zur Verordnung zur digitalen Signatur „zu § 16" aufgezeigt, abrufbar unter http://www.iid.de/rahmen/sigv_begr.html, S. 10 (abgerufen am 22.02.2000); vgl. auch *Mertes*, CR 1996, 768, 772.

661 Näheres vgl. Begründung zur Verordnung zur digitalen Signatur „zu § 12 I", Abrufbar unter http://www.iid.de/rahmen/sigv_begr.html, S. 7 (abgerufen am 22.02.2000).

662 http://www.regpt.de (abgerufen am 25.02.2000).

663 Dazu auch *Bielfeldt/Brisch*, S. 13; vgl. auch *Belke*, DuD 2000, 74, der darauf hinweist, daß mind. 1,5 Jahre Entwicklungszeit für ein Trustcenter erforderlich waren, um den hohen Sicherheitsanforderungen gerecht zu werden.

664 So auch *Allenstein* in Hoeren/Schüngel, S. 39.

665 Von ersten Erfahrungen mit der Beantragung einer Chipkarte bei einer Zertifizierungsstelle berichtet *Kelm* in DuD 1999, 526 ff.

Abs. 1 SigV (Kopie des vorgelegten Personalausweises) ein wichtiges Beweismittel darstellt, wenn ein Verdacht auf Fälschung eines Zertifikates entsteht.[666] Sodann erfolgt die Zuordnung des öffentlichen Signaturschlüssels[667] zu der identifizierten Person (§ 5 Abs. 1 S. 2 SigG). Dieser Schlüssel muß derart beschaffen sein, daß dieser gem. § 16 Abs. 1 SigV „mit an Sicherheit grenzender Wahrscheinlichkeit nur einmal vorkommt“.[668] Ferner muß nach § 16 Abs. 1 S. 2 SigV die Geheimhaltung gewährleistet werden[669] und die Erzeugung eines Duplikates ausgeschlossen werden.[670] Dazu hat die Zertifizierungsstelle sicherzustellen, daß der private Signaturschlüssel und die persönliche Identifikationsnummer nicht preisgegeben oder verfälscht und nicht bei der Zertifizierungsstelle gespeichert werden (§§ 5 Abs. 4 SigG, 5 Abs. 2 SigV).

Auf Verlangen hat die Zertifizierungsstelle gem. § 9 SigG digitale Daten mit einem Zeitstempel zu versehen. Dies ist insbesondere für fristgebundene Schriftsätze von großer praktischer Bedeutung. Während die sich aus dem Betriebssystem ergebene Systemzeit ohne größeren Aufwand beliebig veränderbar ist und ihr daher nur ein recht geringer Beweiswert zuzusprechen ist, wird bei der Inanspruchnahme des Zeitstempeldienstes die Zeitangabe von einem neutralen vertrauenswürdigen Dritten bestätigt.[671] Daher läßt sich der Zeitpunkt, an dem ein bestimmtes Dokument abgesendet wurde, mit Sicherheit bestimmen.

Nach § 5 Abs. 1 S. 2 SigG hat die Zertifizierungsstelle die „Zuordnung eines öffentlichen Signaturschlüssels zu einer identifizierten Person durch ein Signaturschlüssel-Zertifikat zu bestätigen“ und diese „nachprüfbar und abrufbar zu halten“. Das Zertifikat muß die in § 7 Abs. 1 SigG genannten Angaben aufweisen. Anstatt des Namens[672] des Signaturschlüssel-Inhabers kann das Zertifikat auch ein zugeordnetes unverwechselbares Pseudonym – das als solches kenntlich sein muß – enthalten.[673] Diese Regelung dient dem Recht auf informationelle Selbstbestimmung aus Art. 2 Abs. 1 i.V.m. Art. 1 Abs. 1 GG und ist auch unter Datenschutzaspekten[674] sehr begrüßenswert. Ferner können gem. §§ 7

---

666 Begründung zur Verordnung zur digitalen Signatur „Zu § 3“, S. 16.

667 Die Signaturschlüssel können sowohl durch den Signaturschlüsselinhaber als auch durch die Zertifizierungsstelle erzeugt werden.

668 Vgl. Gliederungspunkt 2. Abschnitt, A., II., 3., a., bb.

669 Zur Prüfung der technischen Komponenten: § 17 SigV.

670 Vorschläge zur Umsetzung dieser Voraussetzungen in: Begründung zur Verordnung zur digitalen Signatur „Zu § 16“, S. 11 f.; vgl. zum Zertifikat als Identitätsausweis *Thiel*, DuD 2000, 77, 78.

671 Näher *Bitzer/Brisch*, S. 31; vgl. auch *Bröhl*, CR 1997, 73, 77.

672 Einen Interpretationsvorschlag zum „Namen als Zertifikatsbestandteil“ unterbreitet *Baum* in DuD 1999, 511 ff.

673 näher dazu *Bitzer/Brisch*, S. 31.

674 Dazu http://www.iri.uni-hannover.de/Seminararbeiten/SigG/Text.htm.

Abs. 2, 5 Abs. 2 SigG unter den Voraussetzungen des § 3 Abs. 2 S. 1 SigV Angaben zur Vertretungsmacht in das Signaturschlüsselzertifikat als auch in ein Attribut-Zertifikat aufgenommen werden.[675]

Darüber hinaus ist gem. § 8 SigG i.V.m. § 9 SigV die Einrichtung eines Sperrdienstes erforderlich.[676] Die Sperrung muß den Zeitpunkt enthalten, von dem an sie gilt. Eine rückwirkende Sperrung ist unwirksam.

(c) Haftung der Zertifizierungsstellen

Das Signaturgesetz enthält keine spezifische Regelung für die Haftung der Zertifizierungsstellen,[677] da die Verschuldenshaftung durch das allgemeine Haftungsrecht hinreichend abgedeckt sei.[678] Dies kann allerdings nur für den Inhaber des Signaturschlüssels als direkter Vertragspartner gelten. Der Empfänger des Dokuments dagegen, welcher auf die Richtigkeit der zertifizierten digitalen Signaturen vertraut, ist als Nicht-Vertragspartner nahezu schutzlos gestellt. Während das Produkthaftungsgesetz nur für körperliche Gegenstände – und nicht für Dienstleistungen – Anwendung findet,[679] ersetzt die Produzentenhaftung nach § 823 Abs. 1 BGB nur Schäden an absoluten Rechten, jedoch keine Vermögensschäden.[680] Diese Haftungslücke gefährdet die Akzeptanz[681] digitaler Signaturen und stellt einen Verlust eines „wesentlichen Teils seiner inneren Logik" dar.[682] Daher ist de lege ferenda nach dem Vorbild amerikanischer Signaturgesetze und anderer moderner deutscher Technikgesetze eine Gefährdungshaftung vorzusehen.[683] Auch muß eine Haftungsregelung zugunsten des Dritten eingefügt werden, der auf die Richtigkeit des Zertifikates vertraut.

---

675 Dargestellt auch bei *Allenstein* in Hoeren/Schüngel, S. 42.

676 Durch die verlangte Bekanntgabe einer Rufnummer soll eine unverzügliche Sperrung ermöglicht werden, so die Begründung zur Verordnung zur digitalen Signatur „Zu § 9", S. 6.

677 Vgl. nur *Leier*, MMR 2000, 13 ff.; *Emmert*, CR 1999, 244.

678 Vgl. BR-Drs. 966/96, 29.

679 Dazu *Roßnagel*, DuD 1997, 75, der auf weitere Schwachstellen im Signaturgesetz hinweist.

680 Soweit es sich um eine öffentliche Stelle handeln würde, käme die Amtshaftung nach Art. 34 GG, § 839 Abs. 1 BGB in Betracht.

681 Zur Akzeptanzförderung von digitalen Signaturen vgl. *Kuner*, DuD 1998, 227, 228.

682 *Roßnagel* stellt in „Stellungnahme zum Gesetz über die digitale Signatur" eine Regelung zu Schließung dieser Haftungslücke vor. Abrufbar unter http://www.uni-kassel.de/fb6/oeff_recht/disDigitaleSignatur.html (abgerufen am 24.02.2000).

683 So auch *Roßnagel,* DuD 1997, 75, 79.

cc. Diskussion zum Signaturgesetz

Heftige Kritik übte der Bundesrat an dem „Gesetz zur digitalen Signatur" und empfahl, das Signaturgesetz aus dem Multimediagesetz herauszunehmen. Diese Empfehlung stieß in der Literatur auf Ablehnung und führte letztlich nicht zur gewünschten Zurückstellung des Signaturgesetzes.[684]

(1) Kritik des Bundesrates an dem Entwurf der Bundesregierung

Zunächst stellte der Bundesrat dar, daß er die Einschätzung teile, infolge der Entwicklung des „Multimediagesetzes" würden rechtsgeschäftliche Erklärungen und sonstige rechtlich bedeutsamen Äußerungen in steigendem Maße auf elektronischem Wege abgegeben. Auch sei er der Ansicht, daß ein rechtlicher Rahmen geschaffen werden müsse, um die Sicherheit des Rechtsverkehrs auch in den neuen Formen dauerhaft zu gewährleisten. Gerade auch das Ziel des Gesetzesentwurfs, die Schaffung eines administrativen Rahmens, bei dessen Einhaltung digitale Signaturen möglichst eindeutig einer bestimmten Person zugeordnet werden können, sei sehr förderungswürdig.

Ein Problem erkennt der Bundesrat allerdings in dem privatwirtschaftlichen Betrieb und Aufbau von Zertifizierungsstellen:[685] Insbesondere vor dem Hintergrund, daß private Zertifizierungsstellen durch die Identifizierung und Zuordnung eines öffentlichen Signaturschlüssels zu einer bestimmten Person in rechtlich relevanter Weise auch gegenüber Dritten, zu denen keine Vertragsbeziehungen bestehen, tätig werden, indem sie gemäß § 5 Abs. 1 SigG ihre Zertifikate über öffentliche Netzverbindungen abrufbar halten müssen, seien Bedenken anzumelden. So weise diese Tätigkeit doch eine enge Verwandtschaft mit der öffentlichen Beglaubigung gem. § 129 BGB und der amtlichen Beglaubigung gem. § 34 VwVfG auf. Auch hier sei die verläßliche Feststellung der Identität von Personen geboten, damit auch Dritten eine vertrauenswürdige Basis gegeben wird. Diese Wirkung gegenüber Dritten sei der Grund, warum solche Identitätsfeststellungen als eine öffentliche Aufgabe verstanden werden, die in der Rechtsordnung bislang nur den Behörden, Gerichten oder z. B. den Notaren als Träger eines öffentlichen Amtes übertragen wurden. Ferner sei auch die weiterreichende Befugnis des § 5 Abs. 2 SigG bedenklich, durch welche die Zertifizierungsstelle Angaben über die Vertretungsmacht für eine dritte Person aufnehmen kann. Eine solche Beurteilung einer so bedeutsamen Rechtsbeziehung stelle „hohe Anforderungen nicht nur an die Verläßlichkeit der Zertifizierungsstelle, sondern auch an das rechtliche Beurteilungsvermögen ihrer Mitar-

[684] Vgl. Gliederungspunkt: 3. Kapitel, 2. Abschnitt, C., II., 1., cc.
[685] BR-Drs. 966/96, S. 23.

beiterinnen und Mitarbeiter“[686]. Aufgrund dieser erheblichen Einwirkung in die Rechtssphäre anderer könne das Ausstellen von Zertifikaten nur als öffentliche Aufgabe verstanden werden.

Darüberhinaus hänge eine eindeutige Zuordnung der digitalen Signatur zu einer bestimmten Person in großem Maße von der Zuverlässigkeit der Zertifizierungsstellen ab, wofür der Entwurf keine hinreichende Gewähr gebe:[687] Nur geringe Anforderungen sind in § 4 Abs. 1 – 3 SigG gestellt, um eine Lizenz zu erhalten. Ein Anspruch auf eine Lizenz zur Zertifizierung bestehe bereits dann, wenn der Antragsteller über die notwendige Fachkunde und technische Ausstattung verfügt. Selbst wenn die grundsätzlichen Fähigkeiten bestehen und auch Redlichkeit unterstellt werden kann, bestehe weiterhin das Problem, daß privatwirtschaftlich betriebene Zertifizierungsstellen miteinander im Wettbewerb stehen. Die Gefahr sei nicht zu unterschätzen, daß bei der Identifizierung von Personen und bei der Feststellung von Vertretungsbefugnissen zur Einsparung von Kosten auf die erforderliche Sorgfalt verzichtet wird. Um dieser Gefahr entgegenzuwirken sei ein großes Maß an Aufsicht erforderlich, was jedoch nach der Begründung zum IuKDG[688] nicht beabsichtigt zu sein scheine.

Ein weiterer Kritikpunkt stellt die Regelung der Haftung von Zertifizierungsstellen dar:[689] Gerade bei einer beruflichen Tätigkeit mit öffentlicher Wirkung muß die Haftungsfrage geklärt sein. Eine hinreichende Absicherung der Realisierbarkeit von Haftungsansprüchen sei genausowenig gegeben, wie eine angemessene Haftungsregelung, da der Entwurf des Signaturgesetzes keine Regelung enthält, die die Zertifizierungsstellen zum Schadensersatz für fehlerhaftes Handeln verpflichtet. Ferner ist auch eine Pflichtversicherung zur Absicherung von Haftpflichtansprüchen nicht vorgesehen. Die Vorstellung, daß Haftungsfragen aus dem allgemeinen Haftungsrecht zu beantworten sind, sei unrealistisch.[690]

Weiterhin hält der Bundesrat eine Prognose hinsichtlich der (möglichen) Auswirkungen des Signaturgesetzes für erforderlich. Da insbesondere das Zivilrecht und das Prozeßrecht wie auch das Verwaltungsverfahrensrecht durch etwaige Gesetzesänderungen wesentliche Veränderungen erfahren würden, hält der Bundesrat es für geboten, für diese Bereiche zumindest ein Konzept vorzulegen,

---

686 Dokumentation der Begründung des Beschlusses des Bundesrates, DuD 1997, 289.
687 BR-Drs. 966/96, S. 21 ff.
688 Zum Allgemeinen Teil der Begründung des IuKDG, vgl. BR-Drs. 966/96, S. 20.
689 BR-Drs. 966/96, S. 19 ff.
690 Vgl. dazu im einzelnen Dokumentation der Begründung des Bundesrates, DuD 1997, 289, 290.

damit die Auswirkungen eines Gesetzes für die digitale Signatur besser eingeschätzt werden können.[691]

Daher forderte der Bundesrat die Bundesregierung auf, das Konzept des Entwurfs – aufgrund der fehlenden Entscheidungsreife – im Kontakt mit den Ländern grundlegend zu überarbeiten. Dies würde im übrigen die zügige Beratung und Verabschiedung des Informations- und Kommunikationsdienste-Gesetzes nicht behindern, da Artikel 3 von den weiteren Artikeln problemlos abgekoppelt werden kann. Das Signaturgesetz könne nach vollständiger Überprüfung und grundlegender Überarbeitung demnächst gesondert zur Gesetzgebungsreife gebracht werden.[692]

(2) Standpunkt der Literatur

Roßnagel[693] beurteilt die Begründung des Bundesrates sehr positiv, kritisiert aber die vom Bundesrat gezogene Schlußfolgerung, daß das Signaturgesetz vorerst gestrichen werden müsse: Die Einschätzung des Bundesrates, daß zwischen einer Zertifizierung und der öffentlichen Beglaubigung gem. § 129 BGB und § 34 VwVfG eine „enge Verwandtschaft" bestünde, verkenne den Anwendungsbereich von Zertifikaten. Zunächst soll die digitale Signatur nur im Bereich formfreier Willenserklärungen[694] zum Einsatz kommen und sei daher ein Gewinn an Rechtssicherheit. Zu vergleichen sei die Signatur dann eher mit der Vorlage einer Kredit- oder Scheckkarte, zu deren Ausstellung jeweils eine private Stelle die Identität der jeweiligen Person geprüft und bestätigt hat. Daher sei die Übertragung der Zertifizierungsstellen auf Notare sachlich nicht gerechtfertigt, zumal der Nachweis der Sach- und Fachkunde, welcher zur Erfüllung der technischen Aufgabe einer Zertifizierungsstelle notwendig sei, auch von den Notaren erbracht werden müsse. Im übrigen würde eine Monopolisierung der Tätigkeit gegen die von Art. 12 GG geschützte Berufsfreiheit verstoßen.

Allerdings sei der Einwand des Bundesrates in Bezug auf § 4 Abs. 2 SigG durchaus berechtigt:[695] So dürften die Voraussetzungen, um eine Genehmigung für den Betrieb einer Zertifizierungsstelle zu erhalten, nicht als Versagungsgründe, sondern vielmehr als Genehmigungsvoraussetzungen formuliert werden. Auch weise der Bundesrat zu Recht darauf hin, daß die Regelung einer Haftung der Zertifizierungsstellen gegenüber Nichtvertragspartnern fehle. Doch auch

---

691 BR-Drs. 966/96, S. 19 ff.
692 Zu Art. 3 vgl. BR-Drs. 966/96, S. 19 ff.
693 Ausführlich in DuD 1997, 287, 288.
694 Zur Behandlung der digital abgegebenen Willenserklärungen vor Inkrafttreten des SigG vgl. *Geis*, NJW 1997, 3000.
695 Differenziert *Roßnagel*, DuD 1997, 287, 288.

dieses Defizit lasse sich durch eine Regelung zur Haftung und Deckungsvorsorge im Gesetzgebungsverfahren problemlos beseitigen. Die vom Bundesrat festgestellten Mängel würden daher die Verabschiedung des Signaturgesetzes nicht in Frage stellen, sondern lediglich einzelne Änderungen erfordern. Vorschläge hierzu habe der Bundesrat aber leider nicht ausgearbeitet. Statt „seine Hausaufgaben zu erledigen und Verbesserungen zu §§ 4 und 5 SigG sowie eine Haftungsregelung zu entwerfen"[696], setze der Bundesrat auf einen unfruchtbaren Konfrontationskurs zu Lasten der Entfaltungsmöglichkeiten eines elektronischen Rechtsverkehrs. Daher sei der Bundesregierung und dem Bundestag nicht zu raten, der Empfehlung des Bundesrates zu folgen.

Zur gleichen Schlußfolgerung gelangt *Grimm*[697], der in der digitalen Signatur einen gewaltigen technischen Fortschritt erkennt. Er sieht sie als Grundlage für einen Ursprungs- und Integritätsbeweis digitaler Dokumente auch in rechtlicher Hinsicht. Damit hält er die Voraussetzungen für rechtsverbindliche Geschäfts- und Verwaltungsanwendungen im Internet als gegeben. Dem ist zuzustimmen. Gelingt es doch auf diese Weise, die neueren Verfahren in die Praxis zu übernehmen und hierfür eine gesetzliche Regelung zu schaffen. Damit ermöglicht der Gesetzesvorschlag auf der Basis von Konsortialprojekten und Feldversuchen, welche Techniker in den vergangenen Jahren durchgeführt haben, einen Einstieg in die Praxis und den Geschäftsverkehr, in dem sich die Technik unter dem Schirm des Gesetzes weitereintwickeln kann.[698]

(3) Stellungnahme

Ausschlaggebend ist wohl der Hinweis von *Roßnagel*[699], daß die Bedeutung von Zertifikaten zunächst nicht der öffentlichen Beglaubigung gleichstehen soll, sondern vielmehr vorerst im Bereich der formfreien Willenserklärung zum Einsatz kommt. Eine Vergleichbarkeit mit den von Gerichten und Notaren vorgenommenen Beglaubigungen liegt daher nicht vor, so daß kein Bedarf besteht, die Zertifizierungsstellen mit Notaren zu besetzen. Darüber hinaus sind die Bedenken des Bundesrates, daß die hohen Anforderungen von den Mitarbeitern nicht erfüllt werden können, kein Hindernisgrund, zumal durch eine Signaturverordnung weitere Zulassungsvoraussetzungen festgelegt werden.[700]

---

696 *Roßnagel,* DuD 1997, 287, 288.
697 *Grimm,* DuD 1997, 286.
698 In dem Sinne auch *Rieß,* DuD 1997, 284.
699 In DuD 1997, 287, 288.
700 z.B. ein polizeiliches Führungszeugnis und eine Überprüfung, welche alle zwei Jahre wiederholt wird, so BT-Drs. 13/7385.

Zu den weiteren Kritikpunkten, welche der Bundesrat anführt, ist vor allem die Zielsetzung des Signaturgesetzes zu beachten. Das Bestreben des Gesetzes ist es, im Rahmen der Bundeskompetenzen eine verläßliche Grundlage für die Gestaltung der sich dynamisch entwickelnden Angebote im Bereich der Informations- und Kommunikationsdienste zu bieten und einen Ausgleich zwischen freiem Wettbewerb, berechtigten Nutzerinteressen und öffentlichen Ordnungsinteressen herbeizuführen.[701] Darüber hinaus soll ein Beitrag zur Akzeptanz der neuen Informations- und Kommunikationstechnologien im täglichen Rechts- und Geschäftsverkehr geleistet werden.[702] An die Stelle des nicht normierten Bereichs,[703] in welchem zur Beurteilung elektronischer Dokumente auf die Rechtsprechung zum – nur teilweise vergleichbaren – Umgang mit dem Telefaxgerät zurückgegriffen wurde,[704] tritt nun das Signaturgesetz, welches zunächst lediglich Rahmenbedingungen und Zielvorgaben regelt.[705] Direkte Verbote werden vermieden und eine technikneutrale Regelung läßt Raum für unterschiedliche Lösungen, so daß ein „sanfter Einstieg"[706] in die Praxis bei ständiger Weiterentwicklung der Technik unter dem Schirm des Gesetzes ermöglicht wird. Ferner soll der Regelungsgehalt des Signaturgesetzes nach zwei Jahren evaluiert werden,[707] so daß eine „Probierphase" miteingeplant wurde. Mit der Erfahrung aus 20 Jahren[708] seit Erfindung der digitalen Signatur ist es daher begrüßenswert, mit der gesetzlichen Normierung eines noch recht unbekannten Bereichs zu beginnen, um dann mit Hilfe der Erfahrungen aus der Praxis nach Verbesserungen zu suchen. Die Beschränkung des Anwendungsbereichs auf vorerst formfreie Dokumente eröffnet einen großen und wenig riskanten Spielraum für Erfahrungen. Daher wiegen auch die – zumeist zutreffenden[709] – Kritikpunkte des Bundesrates nicht so schwer, daß das Signaturgesetz gestrichen werden müßte, zumal das vorläufige Ziel des Gesetzes durch die Verabschiedung des Gesetzesentwurfs erreicht wäre. Eine Streichung des Signaturgesetzes, um es nach erneuten Diskussionen gesondert zur Gesetzgebungsreife zu bringen, würde nahezu zwei Jahre – und damit auch weitere elektronische Marktplätze – kosten. Darüberhinaus könnten auch in zwei Jahren keine praktischen Erfahrun-

---

701 Vgl. BT-Drs. 13/7385.

702 Vgl. BT-Drs. 13/7385.

703 Die auf das Telegramm zugeschnittene Formvorschrift des § 127 S. 2 BGB wird analog auf die elektronische Erklärung angewandt, so auch *Geis*, NJW 1997, 3000.

704 So schlägt es *Rott*, NJW-CoR 1998, 420 ff. vor.

705 http://www.iid.de/iukdg/BERICHTiukdg-neu-2.html.

706 *Grimm*, DuD 1997, 286.

707 Dabei sollten die Anwendungserfahrungen aus bereits bestehenden US-amerikanischen Signaturgesetzen mitberücksichtigt werden, vgl. dazu *Miedbrodt*, DuD 1999, 194 ff.

708 So auch *Grimm*, DuD 1997, 286.

709 Insbesondere die Haftungsfrage der Zertifizierungsstellen bedarf einer umfassenden Klärung, vgl. *Roßnagel*, DuD 1997, 287, 288.

gen mit berücksichtigt werden. Ferner sollte die Stellung der Bundesrepublik als erster Staat mit einem einheitlichen Rahmen für den elektronischen Rechtsverkehr – und die damit verbundene Vorbildfunktion für die von der EG geplante europaweite Richtlinie – nicht aufgegeben werden.[710]

2. Europäische Richtlinie

Am 30.11.1999 wurde die Richtlinie „1999/93/EG des Europäischen Parlaments und des europäischen Rates über gemeinschaftliche Rahmenbedingungen für elektronische Signaturen“[711] vom Europäischen Rat angenommen und verabschiedet. Bereits am 19.01.2000 wurde diese Richtlinie im Amtsblatt[712] der Europäischen Gemeinschaft veröffentlicht und trat somit gem. Art. 14 EU-RL in Kraft. Die Mitgliedstaaten haben nun 18 Monate Zeit (bis zum 19. Juli 2001), die Richtlinie in nationales Recht umzusetzen. Mit dieser Richtlinie werden die rechtlichen Rahmenbedingungen für die Verwendung digitaler Signaturen gesetzt.[713] Das Signaturgesetz muß als freiwilliges Akkreditierungssystem jedoch nur geringfügig an die Richtlinie angepaßt werden.[714] Neben Formulierungsänderungen ist vor allem eine Verschuldenshaftung und die Versicherungspflicht der Zertifizierungsstellen einzuführen.[715]

Darüber hinaus fordert die Richtlinie, daß die Mitgliedsstaaten Regelungen hinsichtlich der Rechtswirkung digital signierter Dokumente treffen.[716] Die Mitgliedstaaten haben gem. Art. 5 EU-RL dafür Sorge zu tragen, daß fortgeschrittene[717] elektronische Signaturen, die auf einem qualifizierten Zertifikat[718] beruhen, die rechtlichen Anforderungen an eine Unterschrift in bezug auf in elektronischer Form vorliegende Daten in gleicher Weise erfüllen wie eine eigenhändige

---

710 So auch *Roßnagel,* DuD 1997, 287, 288.

711 Im Volltext abrufbar unter ftp://ftp.pca.dfn.de/pub/pca/docs/SigG/Europe/l_01320000118de00120020.pdf (abgerufen am 28.02.2000); vgl. zur Bewertung der Rahmenrichtlinie vom 22.04.1999 *Gravesen/Dumortier/Van Eecke*, MMR 1999, 577, 578; vgl. auch zu den wichtigsten Regelungsvorschlägen des Entwurfs *Maennel*, MMR 1999, 187 ff.; sowie *Brisch*, CR 1999, 235 ff.

712 Abrufbar unter http://www.europa.eu.int/eur-lex/de/oj/2000/l_01320000119de.html (abgerufen am 28.02.2000).

713 Rechtsvergleichend dazu *Hermeler*, S. 21; vgl. auch *Welsch/Bremer*, DuD 2000, 85 ff.

714 Ausführlich *Roßnagel*, MMR 1999, 261, 263; vgl. auch *Bitzer/Brisch*, S. 133 die auf Art. 6 der EU-RL hinweisen.

715 So auch *Neuser,* MMR 1999, 67 ff., der Untersuchungen zu dem Steuerungskonzept des Richtlinienvorschlages „Haftung statt Aufsicht“ durchführt.

716 Vgl. *Müller/Roessler*, DuD 1999, 497 ff.; oder auch *Roßnagel*, MMR 1999, 261, 263.

717 Eine fortgeschrittene elektronische Signatur ist eine elektronische Signatur, die die Anforderungen des Art. 2 Abs. 2 a-d EU-RL erfüllt.

718 Qualifiziert ist ein Zertifizierungsanbieter, der den Anhang II der Richtlinie erfüllt.

Unterschrift in bezug auf Daten, welche auf Papier vorliegen.[719] Die Umsetzung der EU-Richtlinie fordert somit die Gleichstellung der digitalen Signatur mit der eigenhändigen Unterschrift (für qualifizierte Zertifikate).[720] Es stellt sich daher die Frage, ob im Rahmen der Umsetzung der EU-Richtlinie auch automatisch die Ergänzung der qualifizierten Schriftform im Strafprozeß erfolgen muß, so daß die digitale Signatur alternativ zur handschriftlichen Unterzeichnung verwendet werden kann.

Um dies beantworten zu können, ist nach dem Sinn und Zweck der Richtlinie zu fragen. Das Ziel der EU-Richtlinie ist gem. Art. 1 EU-RL zum einen die rechtliche Anerkennung elektronischer Signaturen auf europäischer Ebene und zum anderen das reibungslose Funktionieren des Binnenmarktes. Beide Ziele fordern keine Gleichstellung der eigenhändigen Unterschriften mit der elektronischen Signatur in Fällen, die ausschließlich den Bereich der Bundesrepublik Deutschland betreffen. Wie auch in den Erwägungsgründen des Europäischen Parlaments und des Rates der Europäischen Union deutlich wird, soll die Richtlinie neben der Akzeptanz hauptsächlich den europäischen Binnenmarkt fördern.[721] Zur Verwirklichung des Ziels dieser Richtlinie ist es nicht zwingend erforderlich, neben die – von Verteidigern und Rechtsanwälten zu leistende – Unterzeichnung im Strafprozeß alternativ die digitale Signatur einzuführen. Die qualifizierte Schriftform der Strafprozeßordnung unterliegt daher nicht dem Regelungsbereich der Richtlinie über gemeinschaftliche Rahmenbedingungen für elektronische Signaturen und ist daher nicht von dem Umsetzungserfordernis der Mitgliedsstaaten betroffen.

3. Novellierung des Signaturgesetzes

Das Bundesministerium für Wirtschaft und Technologie veröffentlichte im April 2000 einen Diskussionsentwurf zu dem „Gesetz über Rahmenbedingungen für elektronische Signaturen" (Entwurf SigG 2000) zur Anhörung und zur Unterrichtung der beteiligten Fachkreise und Verbände.[722] Dieses Änderungsgesetz soll das „Gesetz zur digitalen Signatur" vom 22.07.1997 nach Inkrafttreten am

---

[719] Dem ist das französiche Parlament bereits am 29.02.2000 nachgekommen und verabschiedete ein Gesetz, durch welches die elektronischen Signaturen mit der Schriftform der Art. 1315, 1316 Code Civil gleichgesetzt wurde. Abrufbar unter http://internet.gouv.fr/francais/frameactualité.html; vgl. auch die Übersetzung des künftigen Art. 1316-1 Code Civil, Report, CR 2000, 264.

[720] Zu den Auswirkungen für das Verwaltungsrecht vgl. *Eifert/Schreiber*, MMR 2000, 340 ff.

[721] Gründe zur Verabschiedung der Richtlinie sind abrufbar unter ftp://ftp.pca.dfn.de/pub/pca/docs/SigG/Europe/I_01320000118de00120020.pdf (abgerufen am 28.02.2000).

[722] Abrufbar unter http://www.dud.de/dud/files/siggaen2.zip.

1. Januar 2001 ablösen. Vorgesehen ist, daß das SigÄndG im Juni 2000 durch das Bundeskabinett verabschiedet wird und im Herbst 2000 die Verabschiedung durch das Parlament erfolgt.

a. Handlungsbedarf

Handlungsbedarf für eine Änderung des Signaturgesetz sah das Bundesministerium zum einen aufgrund der erforderlichen Umsetzung der Richtlinie des Europäischen Parlaments und des Rates über gemeinschaftliche Rahmenbedingungen für elektronische Signaturen und zum anderen, um den erreichten Vorsprung auf dem Gebiet der digitalen bzw. elektronischen Signatur zu sichern und weiter auszubauen.[723] Ferner sollen die Empfehlungen aus der Evaluierung des Signaturgesetzes mit in das neue Signaturgesetz einfließen.[724] Letztlich sind die Vorschriften zur Schriftform an den elektronischen Rechts- und Geschäftsverkehr anzupassen, worunter insbesondere die Aufnahme der „elektronischen Form" in einer Signatur nach dem Signaturgesetz in das Bürgerliche Gesetzbuch als Äquivalent zur Schriftform fällt.[725]

b. Wesentliche Änderungen

Sollen die Standards der EG-Signaturrichtlinie gewahrt werden, so gilt es zunächst, die Begriffsbestimmungen anzupassen. Diese sind in § 2 des „Gesetzes über Rahmenbedingungen für elektronische Signaturen"[726] im einzelnen aufgeführt.[727] Darüber hinaus sind einheitliche rechtliche Rahmenbedingungen für „qualifizierte elektronische Signaturen" (andere elektronische Signaturen unterliegen nicht der gesetzlichen Regelung) geschaffen worden. Dabei werden die allgemeinen Sicherheitsanforderungen an Zertifizierungsstellen und technische Komponenten den Vorgaben der EG-Signaturrichtlinie *(§ 17 SigÄndG)* ange-

---

723 Vgl. Bundesministerium für Wirtschaft und Technologie, Eckpunkte für einen Gesetzesentwurf, http://www.dud.de/dud/files/eckpsis3.zip; vgl. auch *Belke*, DuD 2000, 74, der darauf hinweist, daß die Auswirkungen der EU-Richtline nur marginal sind.

724 Vgl. dazu den Bericht der Bundesregierung über die Erfahrungen und Entwicklungen bei den neuen Informations- und Kommunikationsdiensten im Zusammenhang mit der Umsetzung des Informations- und Kommunikationsdienste-Gesetzes – IuKDG – BT-Drs. 14/1191.

725 So das Bundesministerium für Wirtschaft und Technologie, Eckpunkte für einen Gesetzesentwurf, http://www.dud.de/dud/files/eckpsis3.zip (abgerufen am 19.05.2000).

726 Der Diskussionsentwurf des Gesetzes ist im Internet vollständig abgedruckt und kann unter http://www.dud.de/dud/files/siggaen2.zip abgerufen werden. (abgerufen am 19.05.2000).

727 Die einzelnen Fachtermini sind in 14 Punkten definiert.

paßt, so daß ein gemeinsamer europäischer Standard entsteht.[728] Einschneidend ist auch der Wegfall der Genehmigungspflicht für Zertifizierungsstellen *(§ 4 Abs. 1 SigÄndG)*, deren Zuverlässigkeit stattdessen durch die Einführung eines allgemeinen Aufsichtssystems gemäß der EG-Signaturrichtlinie gesichert werden soll. Während das Sicherheitsniveau des geltenden Signaturgesetzes beibehalten wird, regelt das Änderungsgesetz zum Signaturgesetz nun auch die Haftung von Zertifizierungsstellen *(§ 11 SigÄndG)*, verbunden mit der Pflicht zur Deckungsvorsorge[729] *(§ 12 SigÄndG)* sowie einer Bußgeldvorschrift *(§ 21 SigÄndG)*. Eine weitere Neuerung beinhaltet die Ausweitung der spezifischen Datenschutzregelung *(§ 14 SigÄndG)* auf Zertifizierungsstellen, die keine qualifizierten Zertifikate ausstellen.

c. Stellungnahmen

Die wohl erste veröffentlichte Stellungnahme zum Diskussionsentwurf des SigÄndG gab der TeleTrusT Deutschland e.V. im Januar 2000 ab und befürwortete das Anliegen der Bundesregierung, eine schnelle Umsetzung der Richtlinie zu ermöglichen.[730] Würde doch eine weitere Aufschiebung der Umsetzung zu Unsicherheiten bei Anbietern, Produktentwicklern und Anwendern führen, was Einbußen der erreichten Wettbewerbsvorteile zur Folge haben könnte. Nach der Schaffung eines gemeinsamen europäischen Standards sei vor allem die Gleichstellung der qualifizierten elektronischen Signatur mit der Unterschrift nach Erfüllung der – durch die euopäische Richtlinie festgelegten – Voraussetzungen in einer Gesetzesnovelle zu normieren.[731]

aa. Abweichung in den Legaldefinitionen

Obwohl der TeleTrusT Deutschland e.V. die Zielsetzung des Änderungsgesetzes, wie auch die umgehende Umsetzung der EU-Richtlinie durchweg positiv beurteilt, werden einige Details moniert:[732] So sei zwar erfreulich, daß in § 2 Si-

---

728 Einzelt aufgeführt sind die Änderungen des Signaturgesetzes in den vom Bundesministerium für Wirtschaft und Technik herausgegebenen „Eckpunkten für einen Gesetzesgentwurf", abrufbar unter http://www.dud.de/dud/files/eckpsis3.zip (abgerufen am19.05.2000).

729 Die Mindestsumme für einen durch ein haftunsauslösendes Ereignis verursachten Sachen beträgt 250.000 Euro.

730 Die Stellungnahme zum Diskussionsentwurf ist im Internet abrufbar unter http://www.dud.de/dud/files/ttt-sigg.pdf (abgerufen am 20.05.2000).

731 Vgl. die Stellungnahme des *TeleTrusT Deutschland e.V.* zur Diskussionsentwurf eines Gesetzes über Rahmenbedingungen für elektronische Signaturen , Version 0.7 (Stand April 2000), abrufbar unter http://www.dud.de/dud/files/ttt-sigg.pdf (abgerufen am20.05.2000).

732 Eingehend dazu die Stellungnahme des *TeleTrusT Deutschland e.V.*, vgl. Fn. 754.

gÄndG allgemein benutzte Fachtermini den durch das Signaturgesetz definierten Inhalten zugeordnet werden. Verwirrend sei jedoch, daß der Gesetzgeber einige wesentliche Legaldefinitionen der Richtlinie nicht übernimmt, sondern eigene Legaldefinitionen einführt.[733] Es sei zu erwarten, daß derartige Abweichungen sich längerfristig als Hindernis für die Transparenz von Angeboten am europäischen Markt erweisen werden, so daß die Begriffsbestimmungen in der Richtlinie weitgehend übernommen werden sollten.

Dem ist zuzustimmen, zumal die europäischen Definitionen durchweg allgemein gehalten werden, so daß einer Übernahme der Begriffsbestimmung nichts im Wege steht. Das Änderungsgesetz fügt in die Legaldefinitionen jedoch des öfteren einen Bezug auf die Signaturqualität ein, der vom europäischen Parlament vermieden wurde. So ist z.B. eine Zertifizierungsstelle nach dem SigÄndG eine „natürliche oder juristische Person, die qualifizierte Zertifikate [...] ausstellt". In der EU-RL dagegen wird der Zertifizierungsdienstanbieter als „eine Stelle oder eine juristische oder natürliche Person" definiert, „die Zertifikate ausstellen oder anderweitige Dienste im Zusammenhang mit elektronischen Signaturen bereitstellt".[734] Deutlich sieht man an diesem Beispiel den Unterschied (Bezug zur Signaturqualität) zwischen den Legaldefinitionen. Gleiches gilt auch für die Definition des Signaturschlüssels und der Signaturprüfeinheiten. Um Mißverständnisse und Unsicherheiten auf dem europäischen Markt zu vermeiden, sollten die Fachtermini einheitlich definiert werden, so daß eine Anpassung des SigÄndG erforderlich ist.

bb. Mangelnde Flexibilität

Einen weiteren Anlaß zur Kritik gebe der Diskussionsentwurf in Bezug auf neuere wirtschaftliche und technologische Entwicklungen der letzten Zeit:[735] So sei der Entwurf ausschließlich auf e-commerce und e-business zugeschnitten, obwohl bereits neue Möglichkeiten wie z.B. m-commerce[736] dem Markt zur Verfügung stehen. Das Konzept und die innere Logik des Änderungsgesetzes lassen – so der TeleTrusT Deutschland e.V. – die für derartige Neuerungen nötige Flexibilität außer acht, wobei insbesondere dem Umstand nicht ausreichend Rechnung getragen werde, daß die für die Nutzung mobiler Zertifikate erforderliche Infrastruktur (Smartcard mit Kartenlesegerät) in Form der Mobiltelefone bereits millionenfach am Markt vorhanden ist.

---

[733] Die einzelnen Abweichungen sind beispielhaft in der Stellungnahme des *TeleTrusT Deutschland e.V.*, S. 2 aufgeführt.

[734] Art. 2 Nr. 11 EU-RL.

[735] Vgl. TeleTrusT Deutschland e.V., S. 3.

[736] Bei m-commerce werden Transaktionen über mobile Endgeräte (wie z.B. ein Handy) vorgenommen.

Zu beachten ist jedoch, daß ein auf e-commerce[737] zugeschnittener Entwurf auch auf m-commerce Anwendung finden kann. So kann ein private key auch auf einer Smartcard gespeichert werden, auf die von einem Kartelesegerät eines Mobiltelefons zugegriffen werden kann. Zwar ist diese Möglichkeit in dem Änderungsgesetz nicht explizit genannt, es schließt eine solche Nutzung aber auch nicht aus, so daß eine mangelnde Flexibilität nicht beanstandet werden kann.

cc. Überregulierung zuungunsten der Zertifizierungsstellen

Darüber hinaus kritisierte der TeleTrusT Deutschland e.V., daß die gleichzeitige Verwendung von Haftungsvorschriften und Bußgeldtatbeständen eine Überregulierung zuungunsten der Zertifizierungsstellen und damit eine übermäßige Belastung darstellt.[738] Es ist jedoch fraglich, ob diese Kritik berechtigt ist, zumal die Zertifizierungsstelle das „Herzstück" des Einsatzes von elektronischen Signaturen darstellt. Der ordnungsgemäße und sorgfältige Ablauf innerhalb der Zertifizierungsstellen entscheidet über ein Gelingen oder Scheitern des sicheren elektronischen Verkehrs. Daher ist die Verläßlichkeit von besonderer Wichtigkeit. Da jedoch auf die Genehmigungspflicht der Zertifizierungsstellen, und damit auf eine vorherige Überprüfung bei nicht akkreditierten Zertifizierungsstellen, verzichtet wurde, ist neben dem Aufsichtssystem ein Bußgeldkatalog erforderlich, der folgenreiche Nachlässigkeiten und vorsätzliche Gesetzesverstöße sanktioniert. Demgegenüber decken die Haftungsregelungen einen weiteren Bereich ab: So haftet die Zertifizierungsstelle nun auch für Schäden, die ein Dritter dadurch erleidet, daß er auf die Angaben in einem qualifizierten Zertifikat oder Zeitstempel vertraut hat. Schon alleine durch die unterschiedliche Zielsetzung ist keine Kumulation gegeben, die zu einer übermäßigen Belastung führt. Eine Überregulierung kann daher nicht gesehen werden.

Die weiteren Verbesserungsvorschläge zu den einzelnen Vorschriften des Änderungsgesetzes, die von dem TeleTrusT Deutschland e.V. in seiner Stellungnahme unterbreitet werden, sind durchweg begrüßenswert. So wurde erkannt, daß der § 1 SigÄndG eine überflüssige Doppelung enthält: Während der Geltungsbereich des Gesetzes sich auf sämtliche Verfahren und Arten elektronischer Signaturen erstreckt, stellt der zweite Absatz darüber hinaus die Anwendung anderer Verfahren frei. Ferner ist der Forderung zuzustimmen, daß das Verbot der Speicherung von Signaturschlüsseln präziser gefaßt werden muß, da eine Speicherung der Signaturschlüssel während des Erzeugungsvorganges durch die Zertifizierungsstelle erforderlich ist.[739] Von großer Bedeutung ist auch der Hinweis,

---

737 E-Commerce ist der Oberbegriff für die wirtschaftlicher Betätigung im oder über das Internet.

738 TeleTrust Deutschland e.V., S. 4.

739 Eingehend zu mehreren Paragraphen des SigÄndG *TeleTrusT Deutschland e.V.*, S. 6

daß der Kreis der Berechtigten, denen gegenüber ein Pseudonym aufgedeckt wird, auf den Forderungsinhaber ausgeweitet werden muß, damit das Pseudonym nicht dazu genutzt wird, sich berechtigten Forderungen zu entziehen.[740]

III. Rechtswirkung der elektronischen Unterschrift im Strafprozeß

Das Signaturgesetz stellt ausschließlich die Rahmenbedingungen für sichere digitale Signaturen auf. Regelungen über die Rechtswirkung digitaler Signaturen beinhaltet das Signaturgesetz dagegen nicht. Die digitale Signatur kann derzeit nur insofern angewandt werden, als keine eigenhändige Unterschrift verlangt wird. Soweit im Einzelfall Rechtsvorschriften die Schriftform im Sinne einer zwingend erforderlichen eigenhändigen Unterschrift fordern, müssen diese zunächst dahingehend angepaßt werden, daß alternativ zur Schriftform/eigenhändigen Unterschrift auch die „elektronische Unterschrift" eingeführt wird.[741] Bis dahin kann die digitale Signatur keine – vom Gesetz geforderte – eigenhändige Unterschrift ersetzen.

1. De lege lata

a. Einfache Schriftform

Im Rahmen des Strafprozeßrechts stellt sich daher die Frage, ob die digitale Signatur nach der aktuellen Rechtslage[742] für die „einfache Schriftform" genutzt werden kann. Für die Schriftform im Sinne der Strafprozeßordnung ist[743] – anders als bei der qualifizierten Schriftform – keine eigenhändige Unterschrift erforderlich. Allerdings ist auch der Fall der völligen Formfreiheit nicht gegeben, bei dem die digital signierte E-Mail ohne Bedenken zulässig wäre.[744] Daher ist abzuwägen, ob die einfache Schriftform durch die Versendung digital signierter Dokumente nach derzeitiger Gesetzeslage erfüllt ist.

aa. Ausstellererkennbarkeit

Die einfache Schriftform ist dann gewahrt, wenn sich aus dem Schriftstück entnehmen läßt, welche Erklärung abgegeben wird und wer sie abgibt.[745] Regelmä-

---

[740] Um den mit dem Pseudonym verbundenen Schutz der Persönlichkeitsrechte Einzelner nicht zu unterlaufen, schlägt der *TeleTrusT Deutschland e.V.* vor, an den Nachweis der Forderungsinhaberschaft Anforderungen zu stellen.

[741] Vgl. http://www.iid.de/iukdg/BERICHTiukdg-neu-2.html (abgerufen am 18.02.2000).

[742] Es existiert in Deutschland keine spezielle gesetzliche Regelung für die Rechtswirkung einer digitalen Signatur, März 2000.

[743] Dargestellt unter Gliederungspunkt 1. Kapitel, 2. Abschnitt, A., II.

[744] So *Melullis,* MDR 1994, 109, 111.

[745] Vgl. *Volk*, Strafprozessrecht, § 15 Rn. 19.

ßig geschieht dies durch Unterzeichnen, jedoch kann die Unterschrift fehlen, sofern der Urheber anderweitig deutlich ersichtlich ist und nach den Umständen kein bloßer Entwurf vorliegt.[746] Da für die einfache Schriftform keine Unterzeichnung erforderlich ist, kommt die gesetzeskonforme digitale Signatur zur Feststellung des Ausstellers in Betracht. Wie bereits dargelegt,[747] bietet die Sicherungsinfrastruktur des Signaturgesetzes eine sichere Möglichkeit, mittels zertifizierter digitaler Signaturen festzustellen, ob sich der tatsächliche Aussteller auch hinter dem angegebenen Urheber verbirgt. Dies spricht für die Verwendbarkeit digitaler Signaturen zur Erfüllung der einfachen Schriftform, zumal grundsätzlich auch der Gebrauch eines Namens- oder Faksimilestempels[748] für ausreichend erachtet wird. Auch genügt es, wenn der Urheber der Schrift und seine Absicht, diese einzureichen, aus anderen Merkmalen, wie Briefkopf, Diktatzeichen oder ähnlichem hervorgeht.[749] Da durch eine zertifizierte digitale Signatur jeder vernünftige Zweifel an der Person des Erklärenden ausgeschlossen werden kann, ist die Nutzung der fortgeschrittenen digitalen Signatur für die Ausstellererkennbarkeit geeignet.

bb. Entwurf

Weiterhin muß ersichtlich sein, daß es sich bei dem abgegebenen Dokument nicht um einen bloßen Entwurf handelt, der versehentlich abgeschickt wurde. Dies kann durch die verwendete Software in der Form sichergestellt werden, daß mehrere Schritte nötig sind, um eine solche Signatur zu erzeugen. Letztlich ist bei digitalen Dokumenten – wie auch bei Schriftsätzen auf Papier – auf inhaltliche Hinweise zu achten. Es besteht jedoch keine erhöhte Wahrscheinlichkeit, daß Entwürfe eher in digitaler als in papiergebundener Form verschickt werden. Daher spricht auch die Voraussetzung, daß ersichtlich sein muß, daß es sich bei dem Dokument nicht nur um einen Entwurf handelt, nicht gegen digital signierte Dokumente.

cc. Körperlosigkeit

Zweifel an der Schriftform könnten jedoch aufgrund der Körperlosigkeit eines digital signierten Dokuments auftreten. So wurde die fernmündliche Einlegung eines Rechtsmittels nicht einer schriftlichen gleichgesetzt, da fernmündlich und

---

[746] Näher RGSt 62, 53, 54; 67, 385, 387; BayOLG, JZ 1952, 117 m. Anm. *Niethammer*, LR^{24}-*Gollwitzer*, § 314 Rn. 8.

[747] Vgl. Gliederungspukt 2. Abschnitt, C., II., 1., c., bb.

[748] Für die einfache Schriftform vgl. RGSt 62, 53, 55; LR^{24}-*Gollwitzer*, § 314 Rn. 10.

[749] Vgl. BGHSt 2, 78; KG, JR 1954, 391 m. Anm. *Sarstedt*.

schriftlich augenscheinlich nicht vergleichbar seien.[750] Der gravierende Unterschied zwischen der fernmündlichen Einlegung und der Übersendung eines digitalen Dokuments besteht jedoch darin, daß die fernmündlich übermittelte Nachricht lediglich gesprochen wird, während ein digitales Dokument schriftlich verfaßt wurde. Daher können die Grundsätze, welche für den fernmündlichen Verkehr angewandt werden, nicht für digitale Dokumente übernommen werden.

Dieses Problem (ob die Körperlichkeit einen zwingenden Bestandteil der Schriftform darstellt) könnte umgangen werden, indem der Ausdruck als das entscheidende Schriftstück angesehen wird. Damit läge ein körperliches Schriftstück vor, welches der Schriftform zweifelsohne genügt. Gerade dieser Medienbruch soll aber bei der Nutzung einer digitalen Signatur vermieden werden, so daß weiterhin zu klären ist, ob die Schriftform die Körperlichkeit der Schrift beinhaltet. Der Wortlaut zumindest läßt keine Schlüsse auf ein solches Erfordernis zu. Dieser kann jedoch nicht ausschlaggebend sein, da der historische Gesetzgeber der RStPO keine digitalen Dokumente berücksichtigen konnte. Vielmehr muß hinsichtlich der Körperlichkeit der Schriftform auf den Sinn und Zweck abgestellt werden. Die Schriftform bezweckt neben der Erkennbarkeit des Ausstellers die Verfügbarkeit des Schriftstücks. Diese Verfügbarkeit kann neben einem Ausdruck auf einem Blatt Papier jedoch auch durch die Nutzung eines Datenträgers sichergestellt werden. Auch hier verfügt das Dokument über eine gewisse Körperlichkeit – freilich in mikrophysikalischer Ausprägung – in Form von magnetisierten Elektronen.

Daher spricht auch die digitale Form nicht gegen die Nutzung der elektronischen Versendungsmöglichkeiten zur Erfüllung der einfachen Schriftform. Da durch die gesetzeskonforme digitale Signatur der Aussteller festgestellt werden kann und auch die Körperlosigkeit keinen Hindernisgrund darstellt, ist zur Erfüllung der einfachen Schriftform schon de lege lata die Versendung eines digital signierten Dokumentes möglich.

b. Qualifizierte Schriftform

Die von der Strafprozeßordnung geforderte Unterzeichnung (qualifizierte Schriftform) kann nicht ohne weitere Novellierungen durch eine digitale Signatur ersetzt werden, da die Strafprozeßordnung für die Fälle der qualifizierten Schriftform explizit eine Unterzeichnung fordert.

Die elektronische Unterschrift von Dokumenten ist – wie bereits aufgezeigt – derart fälschungssicher, daß diskutiert wird, ob die Rechtswirkung der elektroni-

---

[750] Vgl. RGSt 38, 282, 283; BGH bei *Dallinger*, MDR 1971, 545, 547; OLG Hamm, NJW 1952, 276, 277; *Seibert*, DRiZ 1995, 2, 8.

schen Unterschrift dahingehend erweitert werden soll, daß die Signatur als Alternative zur eigenhändigen Unterzeichnung genutzt werden kann.[751] Sodann stellt sich jedoch die Frage, bei welchen Vorschriften, die eine eigenhändige Unterschrift verlangen, die „elektronische Form" hinzugefügt werden sollte.[752]

Auf elektronischem Wege möglich ist bereits die Ausfertigung von Verwaltungsakten, Bußgeldbescheiden oder Mahnbescheiden[753], wobei auf eine eigenhändige Unterschrift verzichtet wird. Dies wird damit begründet, daß der Urheber jederzeit ermittelbar sei.[754] Auch das Mietrecht kommt der neuzeitigen Bürotechnik entgegen,[755] indem die Regelung in § 8 MietrechtshöheG als Ausnahme zu § 126 BGB auf die eigenhändige Unterschrift verzichtet.[756]

Bereits diskutiert wird auch die Änderung des Bürgerlichen Gesetzbuches.[757] So sollen nach § 126 BGB die §§ 126a und 126b BGB eingefügt werden, welche den Ersatz der schriftlichen Form durch die elektronische Form regeln. § 126 Abs. 3 BGB soll nach dem neuesten Entwurf[758] festlegen, daß die schriftliche Form – wenn sich nicht aus dem Gesetz etwas anderes ergibt – durch die elektronische Form ersetzt werden kann. Auch für die Zivilprozeßordnung und weitere Gesetze[759] sind Änderungen vorgesehen. Keine Erwähnung findet allerdings die Strafprozeßordnung.

Daher ist zu erörtern, ob eine Erweiterung der Formerfordernisse auch für die Strafprozeßordnung wünschenswert ist. Zunächst muß dazu die grundsätzliche Funktionsäquivalenz zwischen der eigenhändigen Unterschrift und der digitalen Signatur festgestellt werden, bevor im Folgenden eine Abwägung zwischen den Vor- und Nachteilen der alternativen Nutzung einer digitalen Signatur vorgenommen werden kann.

---

751 Zur zivilrechtlichen Schriftform vgl. *Deville/Kalthegener*, NJW-CoR 1997, 168.

752 Vgl. dazu *Erber-Faller*, CR 1996, 375; sowie *Schlechter*, K&R 1998, 147, 150.

753 Vgl. §§ 690, 703b ZPO.

754 So auch *Rossnagel*, NJW-CoR 1994, 96, 98.

755 Vgl. *Palandt/Putzo*, § 8 MHG Rn. 1.

756 Dazu auch *Seidel*, CR 1993, 409, 411.

757 Der erste Referentenetwurf eines „Gesetzes zur Änderung des Bürgerlichen Gesetzbuches und anderer Gesetze" zur Einführung des § 126a BGB wurde schon am 31.01.1997 veröffentlicht, vgl. dazu *Rott*, NJW-CoR 1998, 420, 427.

758 Entwurf eines Gesetzes zur Anpassung der Formvorschriften des Privatrechts an den modernen Rechtsgeschäftsverkehr, abrufbar unter ftp://ftp.pca.dfn.de/pub/pca/docs/SigG/BGBE5-99.doc (abgerufen am 28.02.2000).

759 Vgl. dazu den „Entwurf eines Gesetzes zur Anpassung der Formvorschriften des Privatrechts an den modernen Rechtsgeschäftsverkehr", abrufbar unter ftp://ftp.pca.dfn.de/pub/pca/docs/SigG/BGBE5-99.doc (abgerufen am 28.02.2000).

2. De lege ferenda

Jahrhundertelang galt die mit der Hand geleistete Unterschrift als Inbegriff der Authentifizierung und Sicherheit, auch wenn man sie oftmals kaum lesen konnte. Noch heute setzt der Gesetzgeber auf die Kraft der Unterschrift, ohne die Identität der Person damit eindeutig nachweisen zu können. Obgleich die handschriftliche Unterzeichnung durch verschiedene Verfahren wie Scannen und Kopieren leicht zu fälschen ist, stellt sie heute noch eine von allen akzeptierte Norm dar. Daher ist die Frage des Sinngehalts der Ablösung oder Ergänzung der handschriftlichen Unterzeichnung durch eine elektronische Signatur zu stellen. Bevor jedoch die Vor- und Nachteile sowie die Bedürfnisse des Rechtsverkehrs erläutert werden können, ist ein Vergleich der Funktionen elektronischer Signatur und eigenhändiger Unterzeichnung vorzunehmen. Daher ist zunächst zu klären, ob digitale Signaturen die Merkmale und Funktionen, welche die herkömmliche Unterzeichnung aufweist, erfüllen können.[760]

a. Merkmale und Funktionen der Unterzeichnung im Strafprozeß

Die eigenhändige Unterzeichnung im Strafprozeßrecht soll folgende Zwecke[761] erfüllen:

- Der Unterzeichner (Rechtsanwalt oder Verteidiger) signalisiert mit seiner Unterschrift, daß der Aussteller den Schriftsatz anerkannt hat und die volle Verantwortung für den Inhalt übernimmt.[762] Ferner soll die Unterzeichnung sicherstellen, daß es sich bei dem Schriftstück um keinen Entwurf handelt (Verantwortungsübernahme- und Fertigstellungsfunktion).

- Die Unterzeichnung dient darüber hinaus dem Schutz des Erklärenden vor unüberlegter und übereilter Bindung[763] (Warnfunktion).

- Ferner soll die Identität des Unterzeichners durch die Authentizität der Unterschrift eindeutig feststellbar sein (Identifikationsfunktion).

- Die Unterschrift hängt fest mit dem Dokument zusammen, wodurch eine Beweisfunktion erreicht werden soll, da somit eine Übertragung auf andere Dokumente verhindert wird. Ferner soll das Dokument nach Abgabe der Unterschrift nicht mehr veränderbar sein (Beweisfunktion).

---

760 Diese Frage wirft auch *Kuner* in DuD 1998, 227, 288 auf.

761 Vgl. ausführliche Darstellung unter Gliederungspunkt 3. Kapitel, 1. Abschnitt, C., I., 2., d., bb.

762 Vgl. dazu auch *Ebbing*, CR 1996, 271, 275.

763 Vgl. hierzu bereits *Tholl*, S. 7.

- Die Unterzeichnung soll das Schriftstück abschließen, so daß sichergestellt wird, daß keine weiteren Zusätze eingefügt werden. Zwar muß die Unterzeichnung nicht zwingend unter dem Schriftstück stehen, dennoch muß klar sein, worauf sich die Unterschrift bezieht (Unveränderbarkeits- und Abschlußfunktion).
- Darüber hinaus soll Rechtssicherheit erreicht werden, indem eine Fälschung des Schriftstücks durch die charakteristische Unterzeichnung erschwert wird (Fälschungs- und Rechtssicherheitsfunktion).

b. Funktionsäquivalenz von handschriftlicher Unterzeichnung und elektronischer Signatur

Die Funktionsäquivalenz liegt vor, soweit die elektronische Signatur die Funktionen der handschriftlichen Unterschrift und deren Sinn und Zweck erfüllt.[764] Daher ist zunächst ein Vergleich der Funktionen anzustellen. Zu beachten gilt es jedoch, daß die Andersartigkeit des Mediums für sich genommen kein Hindernis darstellt.

aa. Verantwortungsübernahme, sowie Warn- und Schutzfunktion

Bedenken hinsichtlich der Funktionsäquivalenz bestehen vor allem bei der Warnfunktion. Die Warnfunktion einer Unterschrift resultiert aus einer jahrhundertealten sozialen Übung, die Bestandteil des Allgemeinwissens ist.[765] Während eine eigenhändige Unterschrift doch mit einem gewissen Risikobewußtsein und zumeist mit Bindungswillen abgegeben wird, ist das Bewußtsein hinsichtlich etwaiger Rechtswirkungen beim Umgang mit der digitalen Signatur wenig ausgebildet. In einer Simulationsstudie[766] zur Abschätzung der Folgen solcher Techniken wurde 1994 bestätigt, daß sogar Juristen nach Vereinbarung ausdrücklicher Handlungsanweisungen in kritischen Situationen dazu neigen, unter Weitergabe von Chipkarte und PIN höchstpersönliche Signaturvorgänge zu delegieren, während sie niemals auf den Gedanken kämen, die Imitation ihrer handschriftlichen Unterschrift, einen gleichartigen Vorgang betreffend, anderen zu übertragen.[767] Das Bewußtsein, daß mit einem leichtsinnig versendeten signierten Dokument gleiche Folgen entstehen können wie durch eine leichtsinnige Unterschrift unter einem Schriftstück, ist oftmals nicht vorhanden. Daher muß

---

764 Vgl. dazu *Erber-Faller*, CR 1996, 375, 387; sowie *Fox*, DuD 1998, 386; siehe auch http://www.iri.uni-hannover.de/seminararbeiten/SigG/Text.html, S. 9.

765 Vgl. *Allenstein* in Hoeren/Schüngel, S. 55; sowie *Erber-Faller*, CR 1996, 378; vgl auch *Rott*, NJW-CoR 1998, 420, 427.

766 Dazu ausführlich *Roßnagel*, CR 1994, 498, 503.

767 Wiedergegeben bei *Erber-Faller*, CR 1996, 375, 378.

die Warnfunktion der handschriftlichen Signatur durch die technische Ausgestaltung des Systems nachgebildet werden.[768] So könnte die fehlende Warnfunktion dadurch kompensiert werden, daß beispielsweise eine Chip-Karte zum digitalen Signieren in ein entsprechendes Lesegerät einzulegen ist, welches einen warnenden Hinweis an den Benutzer abgibt. Auch könnte ein Chipgerät derart konstruiert werden, daß statt einer PIN eine eigenhändige Unterzeichnung auf einem Notepad als Anmeldung dient.[769] Von einer leichtfertigen Willenserklärung durch einen unüberlegten Druck einer Taste kann unter diesen Voraussetzungen nicht die Rede sein.[770] Daher kann auch festgehalten werden, daß die eigenhändige Unterschrift durch die jahrhundertealte Übung einiges an Vorsprung genießt, dieser allerdings durch geeignete technische Mittel nahezu ausgeglichen werden kann.

bb. Identitätsfunktion

Die Identitätsfunktion ist bei der Nutzung einer digitalen Signatur nur dann erfüllt, wenn diese zuverlässig seinem Inhaber zugeordnet werden kann. Die dazu erforderliche Sicherungsinfrastruktur wird vom Signaturgesetz und der Signaturverordnung geregelt, so daß festgehalten werden kann, daß gesetzeskonforme Signaturen die Identität des Signaturinhabers sicher ausweisen können. Ob es sich bei dem Aussteller allerdings immer um den Signaturinhaber handelt, kann nicht zweifelsfrei festgestellt werden. So kann bei (freiwilliger und unfreiwilliger) Weitergabe der Chipkarte mitsamt der dazugehörigen PIN die Identifikationsfunktion ausgehebelt werden. Bei einer unfreiwilligen Weitergabe besteht die Möglichkeit, das Zertifikat sperren zu lassen. Sobald dieses gesperrt worden ist, kann auch kein Unbefugter das falsche Zertifikat nutzen. Problematischer gestaltet sich allerdings die bewußte und freiwillige Weitergabe z.B. an das Sekretariat. In diesem Fall wäre die digitale Signatur mit einem Faksimile zu vergleichen und daher zur Unterzeichnung nach ständiger Rechtsprechung nicht geeignet. Da jedoch die digitale Signatur – wenn sie alternativ zur Unterzeichnung Anwendung finden sollte – nicht nur für „kanzlei-interne" Angelegenheiten genutzt werden kann, sondern auch zur „Unterzeichnung" schriftformbedürftiger Willenserklärungen im Privatrecht, ist ein vorsichtiger Umgang mit der Chipkarte und der dazugehörigen PIN geboten. Auch ist die Chipkarte nicht – wie etwa der Faksimilestempel – zur Unterschriftenwiedergabe bei Abwesenheit des Adressaten bestimmt, sondern soll vielmehr persönlich genutzt werden.

---

768 Im Ergebnis auch *Kühn* in Hoeren/Schüngel, S. 89.

769 So z.B. *Baltus/Woop*, http://edvgt.jura.uni-sb.de/Tagung99/ak99/authentifikation.htm; nähere Produktbeschreibung unter http://www.hesy.de (abgerufen am 14.07.2000).

770 Vgl. *Deville/Kalthegener*, NJW-CoR 1997, 168, 172.

Darüber hinaus ergibt sich gleiches Problem auch bei der eigenhändigen Unterzeichnung mit sog. Blankounterschriften.

In der Regel wird bei ordnungsgemäßer Anwendung digitaler Signaturen eine höhere Sicherheit bzgl. Fälschbarkeit erreicht als mit handschriftlichen Mitteln.[771] Daher ist die Identitätsfunktion bei der Nutzung digitaler Signaturen zumindest in vergleichbarem Maße gewahrt wie bei eigenhändigen Unterschriften.

cc. Beweisfunktion

Eng damit zusammen hängt die Beweisfunktion,[772] welche bei gesetzeskonformen Signaturen u.a. durch die Sicherheitsvermutung des § 1 SigG gegeben ist. Auch hier ergeben sich gleiche Risiken durch die Weitergabe der Chipkarte mit der PIN. Durch die Sicherheitsvermutung soll jedoch eine sorglose Weitergabe verhindert werden, so daß bei gesetzeskonformen Signaturen von einer der Unterzeichnung gleichenden Beweisfunktion ausgegangen werden kann.

dd. Unveränderbarkeit und Abschlußfunktion

Hinsichtlich der Abschlußfunktion erfüllt die digitale Signatur die Anforderungen, da die Signatur erst aus dem Gesamttext errechnet wird. Der einmal verschlüsselte Text kann auch vom Absender und Inhaber des public key nicht wieder entschlüsselt werden (dafür bräuchte er den private key), so daß es selbst dem Aussteller nicht möglich ist, den Inhalt des einmal signierten Textes zu verändern. Er müßte den gespeicherten Text erneut öffnen, um ihn sodann zu verändern und abschließend zu signieren. Eine Veränderung ist ferner auch durch Unbefugte bei einer ordnungsgemäß signierten Datei nicht möglich. Somit erfüllt die digitale Signatur die Abschlußfunktion, wie auch die Funktion der Unveränderbarkeit.

ee. Rechtssicherheit und Fälschungssicherheit

Die digitale Signatur bietet, wie bereits eingehend dargestellt,[773] durch das Verschlüsselungssystem eine ungleich höhere Fälschungssicherheit als die eigenhändig geleistete Unterzeichnung. Durch diese nahezu fälschungssichere elektronische Unterschrift wird ein erhöhtes Maß an Rechtssicherheit geschaffen.

---

[771] In der Zusammenfassung *Kühn* in Hoeren/Schüngel, S. 74.

[772] Zum Beweiswert digital signierter Dokumente vgl. *Jäger/Kussel* in Hoeren/Schüngel, S. 241 ff.

[773] Vgl. Gliederungspunkt 3. Kapitel, 2. Abschnitt, B., III., 3.

ff. Weitere Funktionen

Ein Unterschied zur eigenhändigen Unterschrift wird vereinzelt darin gesehen, daß bei digital unterzeichneten Dokumenten eine Unterscheidung zwischen Original und Kopie nicht ohne weiteres möglich ist.[774] Es wird aber noch ein weiterer Unterschied deutlich:[775] So verfügt jede natürliche Person nur über eine eigenhändige Unterschrift, bei der ein ganz bestimmter charakteristischer Schriftzug im Vordergrund steht. Hingegen gibt bei einer digitalen Signatur der Besitz an einem bestimmten Schlüssel den Ausschlag. Daraus wird zum Teil der Rückschluß gezogen, daß eine pauschale Gleichsetzung mit der eigenhändigen Unterzeichnung unzulässig sei.[776]

Der erkannte Unterschied[777] ist jedoch eher tatsächlicher als rechtlicher Natur, zumal die Andersartigkeit des Mediums kein Hindernis für die Anerkennung von Unterzeichnungsalternativen darstellen kann. Mithin stellen diese äußerlichen Unterschiede keinen Gegenpol zu der grundsätzlichen Funktionsäquivalenz zwischen Unterzeichnung und digitaler Signatur dar. Diese Argumente überzeugen indes insofern, als zu Recht die pauschale Gleichsetzung der digitalen Signatur mit der handschriftlichen Unterschrift abgelehnt wird. Offengelassen wird freilich, für welche Fälle eine rechtliche Gleichstellung befürwortet werden kann und welche Folgen die soeben angesprochenen Unterschiede nach sich ziehen.

c. Folgerung

Im Gesamtblick ist daher eine Funktionsäquivalenz von elektronischer Signatur und eigenhändiger Unterschrift zu bejahen. Berücksichtigt werden muß jedoch, daß in Ausnahmefällen eine gesonderte Warnfunktion hinzutreten muß, wie z.B. die Information des Bankangestellten bei der Unterzeichnung einer Bürgschaft.[778] Auf diese Sonderfälle sollte die digitale Signatur – zumindest vorerst – keine Anwendung finden. Daher ist eine gesonderte Bewertung der einzelnen Formvorschriften vorzunehmen.

Aufgrund der Funktionsäquivalenz kann jedoch einer Anerkennung der technischen Entwicklung nicht entgegengehalten werden, die Gesetzgeber hätten bei „eigenhändig" an Feder und Tinte gedacht. Zwar müssen auch die Gedanken des

---

774 Vgl. *Schlechter*, K&R 1998, 147, 150.
775 So *Schlechter*, K&R 1998, 147, 150.
776 Ablehnend steht der „pauschalen Gleichstellung" von Unterschrift und digitaler Signatur auch *Hillebrand/Büllingen*, DuD 2000, 80, 82 gegenüber.
777 Vgl. dazu *Schlechter*, K&R 1998, 147, 150.
778 Vgl. *Rott*, NJW-CoR 1998, 420, 427

Gesetzgebers beachtet werden.[779] Zu berücksichtigen ist allerdings auch, daß Gesetze altern und daher oftmals nicht in ihrer ursprünglichen Bedeutung weitergelten können.[780] Daher ist zunächst von der urspünglichen Intention des Gesetzgebers auszugehen. Es gilt jedoch zu ermitteln, ob diese mit dem heutigen Entwicklungsstand vereinbar ist. Um einen Stillstand zu vermeiden, sind Formerfordernisse daraufhin zu überprüfen, ob sie – unter Berücksichtigung ihres Sinn und Zwecks – den Anforderungen des modernen Zeitalters gerecht werden können.[781]

3. Resümee

Aufgrund der Funktionsäquivalenz stellt sich auch für den Strafprozeß die Frage, ob eine Alternative zur eigenhändigen Unterzeichnung in Form der digitalen Signatur – auch bei grundsätzlicher Funktionsäquivalenz – von Vorteil ist.

Ein grundsätzliches Problem stellt die tatsächliche Umsetzbarkeit in der Praxis dar. So erfordert der digitale Gerichtsverkehr die Neuanschaffung leistungsfähiger Computersysteme sowie die Einrichtung von Internetanschlüssen in sämtlichen Gerichtsgebäuden. Die finanzielle Belastung ist zunächst immens, auch wenn letzlich mit einer Kostensenkung zur rechnen ist. Darüber hinaus besteht selbst bei einer bedienungsfreundlichen Software die Gefahr der falschen Nutzung. Um einen gewissen Standard erreichen zu können sind Schulungen erforderlich, da von dem sorgfältigen Umgang mit den Daten und Programmen ein Gelingen der Mediennutzung abhängt. Ferner ist die Einrichtung eines „Computer- oder Onlinenotdienstes“ unumgänglich. Auch dies ist nur mit einem nicht unerheblichen Kostenaufwand zu bewerkstelligen.

Langfristig betrachtet ist indes eine beachtliche Kostenminimierung durch den papierlosen Gerichtsverkehr zu erwarten. So müssen neben der Einsparung an Portokosten auch die Kosten an Papier, Umschlägen und Tonerpatronen Erwähnung finden. Diese Kostenersparnis wird bei weitem nicht durch die Strom- und Internetkosten aufgehoben, welche durch den digitalen Schriftverkehr verursacht würden.

Bei den Vorteilen digital signierter Dokumente ist vor allem der Nutzen für die Verwaltung hervorzuheben. Während papiergebundene Dokumente erst in den Computer eingegeben werden, im Folgenden für die Versendung ausgedruckt

---

779 Dies stellen die Vertreter der subjektiven Auslegungslehre in den Vordergrund, vgl. etwa *Wank*, S. 34.

780 So die objektive Auslegungslehre, vgl. etwa *Larenz/Canaris*, S. 139, s. auch *Zippelius*, S. 20, 21.

781 Zivilrechtlich *Ebbing*, CR 1996, 271, 273; vgl. auch *Schlüchter*, Präjudizien, S. 6 ff.

werden müssen, um dann zur besseren Übersicht möglicherweise wieder am Ankunftsort in den Computer eingegeben zu werden, haben digitale Dokumente den Vorteil, daß sie ohne weitere Zwischenschritte direkt in den Empfängercomputer gesendet werden können. Auch die Lagerung unzähliger Akten(ordner) entfiele. Das „Ordnersystem" hat den Nachteil, daß nicht alle Dokumente vom Arbeitsplatz aus verfügbar sind, während Dateien innerhalb weniger Sekunden (im Volltext) aufgerufen werden können. Auch erweist sich das digitale Speichermedium, auf welchem die digitalen Dokumente mit weniger Aufwand effektiver sortiert und verwaltet werden können, als wesentlich platzsparender.

Im übrigen ist von einer weitreichenden Anerkennung des digitalen Geschäftsverkehrs durch den geplanten § 126b BGB auszugehen. Einen Blick in die nahe Zukunft wagend, wird die Post von der Versendung digitaler Dokumente nahezu vollkommen abgelöst werden (schon heute wird ca. 40 % des Geschäftsverkehrs über das Internet abgewickelt). Auch ist es in etlichen Kanzleichen bereits selbstverständlich via E-Mail zu korrespondieren, so daß auch hier die Versendung wichtiger Korrespondenzen über das Internet vorgenommen wird. Die Anerkennung des papierlosen Gerichtsverkehrs ist daher unumgänglich.

Einen weiteren großen Vorteil stellt die Zeitersparnis dar. So dauert die Versendung eines mehrere Seiten umfassenden Dokumentes via E-Mail nur wenige Sekunden,[782] während ein Brief oft tagelang unterwegs ist. Dadurch könnten die ohnehin knapp bemessenen Fristen optimal ausgenutzt werden.

Mithin ist eine Vielzahl an Vorteilen erkennbar, welche dem papierlosen Gerichtsverkehr eigen sind. Neben den aufgezeigten Vorteilen ist die Einführung einer elektronischen Form alternativ zur eigenhändigen Unterzeichnung allerdings schon alleine aufgrund der Funktionsäquivalenz geboten. In der Gesamtbetrachtung ist die Einführung der digitalen Signatur neben dem Erfordernis einer eigenhändigen Unterzeichnung daher zu befürworten.

[782] Dies gilt auch für seitenlange Revisionsbegründungen; zum durchschnittlichen Umfang einer Revisionsbegründung vgl. *Barton*, S. 104.

3. Abschnitt: Vorschlag einer Gesetzesänderung

- **§ 172 Abs. 3 StPO** ist wie folgt zu ergänzen:

„[4]Wird der Antrag in elektronischer Form eingereicht, so steht es einer Unterzeichnung gleich, wenn der Rechtsanwalt dem Text seinen Namen hinzufügt und das elektronische Dokument mit seiner qualifizierten digitalen Signatur nach dem Signaturgesetz versieht."

- **§ 345 Abs. 2 StPO** erhält folgenden Satz 2:

„[2]Die unterzeichnete Schrift kann durch die elektronische Form ersetzt werden, wenn der Rechtsanwalt oder Verteidiger dem Text seinen Namen hinzufügt und das elektronische Dokument mit seiner qualifizierten digitalen Signatur nach dem Signaturgesetz versieht."

- Gleicher Satz wird auch in § 366 Abs. 2 StPO nach Satz 1 eingefügt.

- **§ 390 Abs. 2 StPO** ist wie folgt zu ergänzen:

„[2]Die unterzeichnete Schrift kann durch die elektronische Form ersetzt werden, wenn der Rechtsanwalt dem Text seinen Namen hinzufügt und das elektronische Dokument mit seiner qualifizierten digitalen Signatur nach dem Signaturgesetz versieht."

SCHLUßBEMERKUNG UND AUSBLICK

1. Kapitel: Pilotprojekt

Das Finanzgericht[783] Hamburg führt seit dem 2. August 1999 einen Feldversuch zum papierlosen Rechtsverkehr durch. Ziel ist es, die Einreichung von Klagen und den Austausch von Schriftsätzen per E-Mail über das Internet zu erproben.[784] Sowohl die Erstellung von Klagen und Schriftsätzen, als auch das Einreichen, Bearbeiten und Weiterleiten soll elektronisch vonstatten gehen.[785] Neben der Signatur nutzt das Finanzgericht Hamburg eine von der DATEV[786] entwickelte Software, durch welche der Schriftsatz über die Signatur hinaus verschlüsselt wird. Bereits seit Anfang 2000 ist das Finanzgericht technisch und organisatorisch in der Lage, den Rechtsverkehr elektronisch abzuwickeln. Es fehle lediglich noch an der gesetzlichen Grundlage und an ausreichend „Übungsmaterial".[787]

Ziel des Versuches sei, die zeitraubende und kostenträchtige Postversendung entbehrlich zu machen.[788] Auch soll der Aktentransport durch Wachtmeister mittels Aktenwagen innerhalb des Gerichtes entfallen. Letztlich soll jederzeit ein Zugriff auf den Akteninhalt vom PC des Richters bzw. der Geschäftsstelle ohne zeitraubende Aktensuche ermöglicht werden, um dem Bürger schnelle Auskünfte geben zu können.[789]

---

783 Das Finanzgericht ist als Oberes Landesgericht zuständig für Steuer-, Zoll- und Europäisches Marktordnungsrecht.

784 Der Versuch erfolgt in Zusammenarbeit mit der Hamburger Finanz- und Zollverwaltung, der Steuerberaterkammer, der Rechtsanwaltskammer sowie der DATEV und dem Softwareunternehmen herbert dahm, Datensysteme.

785 So die Pressemitteilung des Präsidenten des Finanzgerichts, *Grotheer*, S. 1.

786 Datenverarbeitung und Dienstleistung für den steuerberatenden Beruf e.G.

787 So die Auskunft des Finanzgerichts Hamburg (dort Frau *Drühmel*) auf Nachfrage vom 11.04.2000.

788 Dazu ausführlich *Grotheer*, BB 1999, Heft 23, 1.

789 Vgl. auch die Pressemitteilung des Präsidenten des Finanzgerichts, *Grotheer*, S. 2.

2. Kapitel: Zusammenfassung

Die derzeitige Situation, dargestellt in der Einleitung,[790] zeigt, daß sich die Formvorschriften des Strafprozeßrechts kaum mehr mit der fortschreitenden Technik und den sich darbietenden (Versendungs-) Möglichkeiten vereinbaren lassen. Nachdem sowohl im Zivilrecht, als auch im Zivilprozeßrecht Reformbemühungen dahingehend zu erkennen sind, daß dem technischen Fortschritt Einlaß in die jeweilige Rechtsordnung gewährt wird, stellt sich die Frage, aus welchem Grund diese Entwicklung im Strafprozeßrecht keine Berücksichtigung findet.

Um diese Frage zu beantworten, werden die Entwicklung der Unterzeichnung und die Auswirkungen des multimedialen Fortschritts auf selbige aufgezeigt (**Hauptteil**)[791]. Begonnen wird die Darstellung mit dem Vorgänger der Unterzeichnung, welcher in der Untersiegelung zu finden ist (**1. Kapitel, 1. Abschnitt, A.**)[792]. Auch wird zum besseren Verständnis und um eine sprachliche Genauigkeit zu erzielen neben der Definition eine Abgrenzung der Unterzeichnung von der sprachlich verwandten Unterschrift mit dem Ergebnis vorgenommen, daß beide Begriffe nahezu bedeutungsgleich sind (**1. Abschnitt, B. und C.**)[793]. Anders liegt es jedoch bei der einfachen Schriftform. Diese erfordert – im Gegensatz zur Unterzeichnung – lediglich, daß sich aus dem Schriftstück die Identität des Ausstellers entnehmen läßt. Festzuhalten ist mithin, daß eine differenzierte Betrachtung der einfachen und qualifizierten Schriftform geboten ist (**2. Abschnitt, A.**)[794]. Eine größere Verwandtschaft zur strafprozessualen Unterzeichnung weist indes die Schriftform im Zivilprozeß auf (**2. Abschnitt, B.**)[795].

Als Basis für weitere Überlegungen wird durch die Auswertung der Rechtsprechung und unter Beachtung kritischer Stimmen aus der Literatur der Sinn und Zweck der Unterzeichnung ermittelt. Aus der Essenz der teleologischen Betrachtung können Sinn und Zweck der Unterzeichnung in fünf Unterpunkte zusammengefaßt werden (**3. Abschnitt**)[796].

Nachdem die Grundlagen zur Unterzeichnung erörtert wurden, wird der historische Verlauf bis hin zur Anerkennung des Telegramms für unterzeichnungsbe-

[790] S. 1 – 4.
[791] S. 5.
[792] S. 5 – 7.
[793] S. 7 – 10.
[794] S. 10 – 12.
[795] S. 12 – 13.
[796] S. 13 – 24.

dürftige Schriftsätze dargestellt (**2. Kapitel, 1. Abschnitt**)[797]. Der Rückblick beginnt im Jahre 1880, als das Reichsgericht eine per Telegramm eingereichte und begründete Revision wegen Mängeln in der Form als Unzulässig verwarf. Sodann wird die Entwicklung in der Rechtsprechung aufgezeigt, welche zu einem immer formfreieren Standpunkt führte (**1. Abschnitt, A**)[798]. So erkannte das Reichsgericht bereits 1884 die Revisionsbegründung in Form eines Telegramms als formgültig an. Kritische Literaturstimmen konnten die Entwicklung nicht aufhalten, so daß bereits einige Jahre später, verursacht durch eine Lockerung der Telegraphenordnung, die fernmündliche Aufgabe des Telegramms an das Telegraphenamt auch für unterzeichnungsbedürftige Schriftsätze anerkannt wurde (**1. Abschnitt, B.**)[799]. Auch dies wurde von einem Großteil der Literatur großteils ablehnend betrachtet. Als wohl letztmögliche Lockerung beim Telegraphenverkehr wurde die fernmündliche Übermittlung des Telegramms an das Gericht diskutiert. Diese – wohl eher mündliche Einlegung – wurde für die qualifizierte Schriftform nicht anerkannt. Anders jedoch für Schriftstücke, welche der einfachen Schriftform bedürfen: Diese können seit der streitentscheidenen *BGH*-Entscheidung von 1960 formwirksam von der Postanstalt fernmündlich dem zuständigen Gericht zugesprochen werden (**1. Abschnitt, C.**)[800].

Während die Übersendung per Fernschreiben – aufgrund der technischen Gemeinsamkeiten – gleich einem Telegramm behandelt wurde, zeigte sich die Rechtsprechung bei der Behandlung der Textübermittlung mittels eines Fernsprechers weniger konsequent: Mangels Schriftform wurde diese Übermittlungmethode für Schriftstücke, welche der Schriftform bedürfen, als nicht zulässig erachtet (**2. Abschnitt**)[801].

Das Telegramm wurde im Laufe der Jahre von dem unkomplizierteren Telefax abgelöst (**3. Abschnitt**)[802]. Um einen Einstieg in die Materie des Telefax zu ermöglichen, wird zu Beginn eine Begriffsbestimmung wie auch eine Erläuterung der technischen Vorgänge vorgenommen (**3. Abschnitt, A**)[803]. Da sich das Telefaxgerät als „Medium der Gegenwart" darstellt, kommt der Betrachtung des Telefax besondere Bedeutung zu. Insbesondere Fragen der Fristwahrung und des Zugangs werden in Rechtsprechung und Literatur immer wieder aufgegriffen und kontrovers diskutiert. Fest steht jedoch, daß ein Telefax zugegangen ist, sobald es am Empfangsort ausgedruckt wird. Es treten jedoch immer wieder Stö-

---

797 S. 25.
798 S. 25 – 32.
799 S. 32 – 38.
800 S. 38 – 42.
801 S. 43 – 44.
802 S. 45.
803 S. 45 – 51.

rungen beim Absende- oder Empfangsgerät auf, die einen Zugang verhindern. Hier gilt es, Regelungen zu finden, denen eine gerechte Risikoverteilung zugrundeliegt. Klare Grenzen sind auch bei den spezifischen Kontroll- und Sorgfaltsplichten im Rahmen eines Wiedereinsetzungsverfahrens zu ziehen. So bringt vor allem technisches Versagen wie auch die Ausnutzung der vollständigen Frist oftmals unvorhergesehene Probleme bei der Versendung mit sich. (**3. Abschnitt, B.**)[804]. Schwierig gestaltet sich ferner der Beweis des Zugangs. Allenfalls ein Sendebericht könnte als Beweis des fristgerechten Zugangs herangezogen werden. Dieser ist jedoch stark dem Risiko der Manipulation ausgesetzt, so daß der Beweiswert eines Sendeberichts äußerst gering ist. Daher wird diskutiert, ob der Zugangsbeweis in einem weiteren Beweismoment, wie etwa einem entsprechenden Vermerk auf dem Journal des Empfängers, gesehen werden kann (**3. Abschnitt, C.**)[805].

Nachdem die Vor- und Nachteile des bereits anerkannten Telefax erörtert wurden, ist nun der Blick auf das Computerfax zu richten. So wird die allgemeine Frage aufgeworfen, wie sich das Formerfordernis der Unterzeichnung auf einen möglichen Einsatz der neuen Medien auswirkt (**3. Kapitel**)[806].

Bei der Betrachtung des Computerfax wird die Begriffsbestimmung vorangestellt. Ebenso wird aufgezeigt, welche Möglichkeiten das Medium bietet, um eine Unterzeichnung zu versenden. So kann zum einen ein bereits eigenhändig unterzeichneter Schriftsatz vollständig eingescannt werden, um dann diesen – nun digitalisierten – Schriftsatz als Computerfax zu verschicken. Eine andere Möglichkeit bietet das Zusammensetzen von Textbausteinen, bei dem eine einmal geleistete Unterschrift in den Computer eingescannt und gespeichert wird (**1. Abschnitt, A.**)[807]. Bereits an dieser Stelle ist eine Vergleichbarkeit zum Faksimilestempel erkennbar, der auch den Gerichten nicht verborgen blieb. Nachdem sich sowohl das Bundesverwaltungsgericht als auch das Bundessozialgericht für die Anerkennung des Computerfaxes aussprachen, war der BGH aufgrund seiner ablehnenden Haltung gezwungen, den Gemeinsamen Senat der obersten Gerichtshöfe um eine Entscheidung zu bitten. Dieser entschied am 05.04.2000, daß bestimmende Schriftsätze mittels Computerfax und einer eingecannten Unterzeichnung formgerecht eingelegt werden können. Ein großteil der Literatur schloß sich jedoch bereits zuvor der Auffassung des BGH an (**1. Abschnitt, B.**)[808]. Zu prüfen ist nun, ob der eher ablehnenden Haltung des BGH

---

[804] S. 51 – 61.
[805] S. 61 – 67.
[806] S. 68.
[807] S. 68 – 70.
[808] S. 71 – 73.

und dem Großteil der Literatur zu folgen ist. Auch stellt sich die Frage, inwiefern das Ergebnis des Gemeinsamen Senates auf den Strafprozeß Anwendung findet. Dazu ist der bereits aufgezeigte Sinn und Zweck der Unterzeichnung in der Strafprozeßordnung im Lichte des Computerfax zu betrachten. Es stellt sich jedoch heraus, daß neben der Warnfunktion auch die Rechts- und Fälschungssicherheit nicht in vergleichbarem Maße gegeben ist, so daß die teleologische Auslegung der Rechtsfortbildung im Wege steht (**1. Abschnitt, C., I.**)[809]. Sodann wird ein Vergleich zu den bereits anerkannten Versendungsformen vor dem Hintergrund vorgenommen, daß vergleichbaren Techniken eine vergleichbare rechtliche Behandlung zukommen muß. Während das Telegramm eher nicht mit dem Computerfax verglichen werden kann, weisen das Telefax und das Computerfax erhebliche Parallelen auf, wenn der vollständige Schriftsatz eingescannt wird. Daher ist eine derart versandte und unterzeichnete Schrift – im Gegensatz zu den zusammengefügten Textbausteinen – auch anzuerkennen (**1. Abschnitt, C., II.**)[810].

In der folgenden rechtlichen Würdigung muß nun eine Entscheidung herbeigeführt werden, ob es sich bei der Anerkennung des Computerfax in Form von zusammengesetzten Textbausteinen um eine vertretbare richterliche Rechtsfortbildung handeln könnte oder ob zur Nutzung der neuen Medien unter Einhaltung der qualifizierten Schriftform nicht vielmehr eine Gesetzesänderung erforderlich ist. Bei der Erörterung der vorhersehbaren Entwicklung wird jedoch deutlich, daß die Anerkennung der zusammengesetzten Textbausteine zu einer Aufgabe der Formvorschriften führen würde. Mithin kann das Computerfax in Form von zusammengesetzten Textbausteinen nach derzeitiger Gesetzeslage keine Anerkennung finden (**1. Abschnitt, C., III.**)[811].

Eine weitere Versendungsmöglichkeit bietet die E-Mail, welche aufgrund der schnellen Datenversendung und optimalen Verwaltbarkeit wohl im Mittelpunkt des Interesses steht (**2. Abschnitt**)[812]. Zum besseren Verständnis werden daher die technischen Vorgänge beschrieben und die verschiedenen Unterzeichnungs- und Sicherungsmöglichkeiten aufgezeigt (**2. Abschnitt, A.**)[813]. Während sich jedoch herausstellt, daß die digitalisierte Unterschrift nur wenig Sicherheit bietet und das im Bankverkehr etablierte Sicherungssystem von PINs und TANs für eine Alternative zur eigenhändigen Unterschrift als ungeeignet einzustufen ist,

---

[809] S. 73 – 76.
[810] S. 77 – 80.
[811] S. 80 – 83.
[812] S. 84.
[813] S. 84 – 86.

richtet sich der Blick auf die Sicherungsmethode der digitalen Signatur (**2. Abschnitt, B.**)[814].

Aufgrund der Komplexität des Verfahrens wurden die technischen Grundlagen des symmetrischen und asymmetrischen Verschlüsselungsverfahrens in gebotener Ausführlichkeit dargestellt. Denn nur wer die technischen Möglichkeiten (und freilich auch Gefahren) der digitalen Signaturen versteht, kann das Signaturgesetz und die angestrebte Sicherheitsinfrastruktur nachvollziehen.

Bevor jedoch in einer rechtlichen Würdigung die Sicherheitsrisiken elektronischer Signaturverfahren erörtert werden, wird die Verbindung und die Abgrenzung zur Kryptographie angesprochen. Während die digitale Signatur die Ausstellererkennbarkeit wie auch die Nachrichtenintegrität sicherstellen soll, eignen sich kryptographische Verfahren zur Verschlüsselung des Klartextes. Die Verbindung dieser Funktionen bietet dem Nutzer eine umfassende Fälschungs- und Abhörsicherheit (**2. Abschnitt, C., I.**)[815].

Um jedoch eine geeignete Sicherungsinfrastruktur aufbauen zu können, sind gesetzliche Grundlagen erforderlich. Diese Basis hat der Gesetzgeber mit dem lang umstrittenen Signaturgesetz vom 01.08.1997 und der Signaturverordnung vom 01.11.1997 geschaffen. Obgleich das Signaturgesetz zunächst nur Rahmenbedingungen und Zielvorgaben regelte, wurde von der Literatur und dem Bundesrat – zumeist berechtigte – Kritik geübt. Auch auf europäischer Ebene wurde die Sicherheit des elektronischen Rechtsverkehrs diskutiert und die Ergebnisse in einer europäischen Richtlinie vom 30.11.1999 veröffentlicht. Mit der Richtlinie werden zum einen die rechtlichen Rahmenbedingungen für die Verwendung digitaler Signaturen gesetzt. Zum anderen fordert die Richtlinie, daß die Mitgliedsstaaten Regelungen hinsichtlich der Rechtswirkung digitaler Signaturen treffen und die qualifizierte elektronische Signatur der eigenhändigen Unterschrift gleichstellen sollen. Zwar ist die Strafprozeßordnung unmittelbar nicht von diesem Umsetzungserfordernis betroffen. Trotzdem ist die Frage zu erörtern, inwiefern die digitale Signatur als Alternative zur Unterzeichnung im Strafprozeß geeignet ist. Diese Frage wird auch durch den Entwurf eines Änderungsgesetzes zum Signaturgesetz nicht geklärt. Anzuerkennen ist jedoch, daß durch das Änderungsgesetz einige Mängel des Signaturgesetzes beseitigt werden und eine Angleichung an die europäische Richtlinie erfolgt (**2. Abschnitt, C., II.**)[816].

---

814 S. 86 – 99.
815 S. 99 – 104.
816 S. 105 – 127.

Dennoch bleibt die Frage unbeantwortet, welche Rechtswirkung der „elektronischen Unterschrift" im Strafprozeßrecht zukommt. Daher ist zunächst die einfache Schriftform in Hinblick auf die Versendung per E-Mail de lege lata zu betrachten. Nach einigen Abwägungen kann festgehalten werden, daß – trotz Bedenken aufgrund der Körperlosigkeit eines digital signierten Dokuments – Schriftstücke, welche der einfache Schriftform bedürfen, per E-Mail mit Hilfe der digitalen Signatur formwirksam versendet werden können. Dies gilt jedoch nicht für die qualifizierte Schriftform, so daß eine Betrachtung de lege ferenda vorzunehmen ist. Um einen Erhalt von Sinn und Zweck der Unterzeichnung gewährleisten zu können, werden die einzelnen Funktionen der Unterzeichnung mit der qualifizierten digitalen Signatur verglichen. Nach Abgleichung der einzelnen Punkte ist eine Funktionsäquivalenz zu bejahen, so daß eine Gesetzesergänzung zu fordern ist (**2. Abschnitt, C., III.**)[817]. In einem dritten Abschnitt wurde dementsprechend ein Vorschlag zur Änderung der Strafprozeßordnung unterbreitet (**3. Abschnitt**)[818].

3. Kapitel: Anhang

Die Arbeit befindet sich auf dem Stand von August 2000. In der Zwischenzeit haben jedoch einige Neuerungen für Diskussionen gesorgt. So wurde zum einen das SigG vom 1.08.1997 novelliert und den europäischen Richtlinien angepasst. Das „Gesetze über Rahmenbedingungen für elektronische Signaturen" wurde am 21. Mai 2001 verabschiedet und trat einen Tag später in Kraft.[819] Es enthält neben angepassten Definitionen einige Neuerungen.[820] Im Vordergrund steht dabei unter anderem die Konkretisierung der Haftung und die Regelung der Deckungsvorsorge der Zertifizierungsstellen.[821]

Einschneidend ist ferner der Wegfall der Genehmigungspflicht von Zertifizierungsstellen. Der dadurch befürchtete Sicherheitsverlust soll durch eine Selbstregulierung des Marktes sowie sporadischen Kontrollen abgewendet werden. Darüber hinaus wurde jedoch im Signaturgesetz von der in der europäischen Richtlinie vorgesehenen Möglichkeit Gebrauch gemacht, neben dem ungeprüften Angebot das bisherige freiwillige Genehmigungsverfahren als „Akkreditie-

---

817 S. 128 – 138.
818 S. 139.
819 Vgl. BGBl. I 2001, Nr. 22 (21.Mai 2001); vgl. auch den entsprechenden Entwurf der Signaturverordnung vom 16.08.2001.
820 Vgl. dazu *Blum*, DuD 2001, 71.
821 Das Signaturgesetz ist abgedruckt unter http//www.iid.de/iukdg/gesetz/index.html (abgerufen am 01.10.2001).

rung“ beizubehalten, so daß zwei unterschiedliche Niveaus von Signaturverfahren bestehen.[822] Die für den Rechtsverkehr erforderliche Sicherheit kann durch das Genehmigungserfordernis zunächst nur das akkreditierte Signaturverfahren bieten. Es bleibt abzuwarten, ob der Markt in der Lage ist, die notwendige Sicherheit auch für das „qualifizierte“ Signaturverfahren herzustellen.[823]

Nicht unerwähnt bleiben soll zum anderen auch, dass es den russischen Kryptologen Vlastimil Klíma und Tomas Rosa im März 2001 gelungen ist, die Sicherheit der qualifizierten Signatur in Frage zu stellen. Bei einer Attacke gegen das in RFC 2440 genormte Datenformat „OpenPGP“ zur Speicherung des geheimen PGP-Nutzerschlüssels erreichten die Forscher ihr Ziel. Die Attacke ermöglichte es den Angreifern durch Manipulation der Datei den geheimen Schlüssel eines Benutzers zu rekonsturieren, obwohl die Datei mit einem starken symmetrischen Verschlüsselungsalgorithmus und einem Schlüssel geschützt war.[824]

Die Relevanz für den täglichen Verkehr ist jedoch gering. So war ein derart komplexer Rechenvorgang nur in einer gut ausgestatteten Laborumgebung möglich. Das Angriffsszenario setzte voraus, dass der Angreifer über weitgehende Zugriffsmöglichkeiten auf das Rechnersystem und die Kommunikation des Angegriffenen verfügte.[825] Die entdeckte Lücke konnte jedoch nun publiziert und geschlossen werden, so dass auch weiterhin von einem sicheren Verfahren gesprochen werden kann.

---

[822] Vgl. dazu *Rossnagel*, MMR 2001, 201, der von einem Qualitätssiegel „Made in Germany“ spricht.

[823] Zu den verschiedenen Typen von elektronischen Unterschriften vgl. *Blum*, DuD 2001, 71.

[824] Eingehend *Knobloch*, DuD 2001, 333 ff.; vgl. auch *Sanderek*, DuD 2000, 603 ff.

[825] Vgl. *Knobloch*, DuD 2001, 333, 334.

LITERATURVERZEICHNIS

Ascher, Bernhard — Anmerkung zum Beschluß des Reichsgerichts vom 16.09.1953
In: JW 1929, 264

Bachofer, Thomas — Die Rechtsgültigkeit der elektronischen Unterschrift
In: NJW-CoR 1993, 25

Baltus, Woop — Authentifikation und elektronische Unterschrift
Abrufbar unter: http://edvgt.jura.uni-sb.de/Tagung99/ak99/authentifikation.htm
(zit.: Baltus/Woop)

Bartel, Andreas — Onlineanwendungen nutzen mit Datex J / Bildschirmtext
Bonn, Paris 1995
(zit.: *Bartel)*

Barton, Stephan — Die Revisionsrechtsprechung des BGH in Strafsachen
Neuwied, Kriftel 1999
(zit.: *Barton*)

Bassenge, P. — Anmerkung zum Beschluß des BGH vom 21.03.1974
In: JR 1974, 382

Bauer, Friedrich L. — Entzifferte Geheimnisse
Berlin, Heidelberg 1995
(zit.: *Bauer*)

Baum, Michael — Die elektronische Identität?
In: DuD 1999, 511

Baumbauch, Adolf; Lauterbach, Wolfgang; Albers, Jan; Hartmann, Peter — Ziviprozeßordnung
56. Auflage, München 199
(zit.: Baumbach/Lauterbach/Albers/Hartmann)

Behrens, Michael; Roth, Richard — Sind wir zu vermessen die PIN zu vergessen?
In: DuD 2000, 327

Belke, Marcus — Die Digitale Signatur kurz vor dem Start
In: DuD 2000, 74

Beulke, Werner — Strafprozeßrecht
4. Auflage, Heidelberg 2000
(zit.: *Beulke*, Strafprozeßrecht)

Ders. — Der Verteidiger im Strafverfahren
Frankfurt a.M. 1980
(zit.: *Beulke*, Der Verteidiger)

Beutelspacher, Albrecht; Schwenk, Jörg; Wolfenstetter, Klaus-Dieter — Moderne Verfahren der Kryptographie
2. Auflage, Braunschweig, Wiesbaden, Vieweg 1998
(zit: *Beutelspacher/Schwenk/Wolfenstetter*)

Beutelspacher, Albert — Kryptologie
3. Auflage, Braunschweig, Wiesbaden 1992
(zit.: *Beutelspacher*)

Bielfeld, Maike; Brisch, Britta — Digitale Signatur
Bonn, 1998
(zit.: Bielfeld/Brisch)

Bieser, Wendelin — Bundesregierung plant Gesetz zur digitalen Signatur
In: CR 1996, 564

Bieser, Wendelin; Kersten, Heinrich — Elektronisch unterschreiben
2. Auflage, Heidelberg 1999
(zit: Bieser/Kersten)

Bitzer, Frank; Brisch, Klaus M. — Digitale Signatur, Grundlagen, Funkton und Einsatz
Berlin, Heidelberg 1999
(zit.: *Bitzer/Brisch*)

Blaese, Ernst; Wielop, Fritz — Die Förmlichkeit der Revision in Strafsachen
München 1991
(zit.: Blaese/Wielop)

Bleumer, Gerrit — Biometrische Ausweise
In: DuD 1999, 155

Brauchitsch, Max von — Die neuen preußischen Verwaltungsgesetze
3. Bearbeitung 1904
(zit.: von Brauchitsch)

Breit, James — Formalismus und Zivilprozeß
In: JW 1920, 859; 1921, 700

Brisch, Klaus M. — EU-Richtlinie zum elektronischen Geschäftsverkehr
In: CR 1999, 235

Bröhl, Georg M. — Rechtliche Rahmenbedingungen für neue Informations- und Kommunikationsdienste
In: CR 1997, 73

Buckenberger, Hans-Ulrich — Die Einlegung von Rechtsmitteln mit Hilfe moderner Kommunikationswege
In: NJW 1983, 1475

Ders. — Gültigkeitsmodell des SigG
In: DuD 1999, 199

Bundesministerium für Wirtschaft und Technologie — Diskussionsentwurf zur Anhörung und zur Unterrichtung der beteiligten Fachkreise und Verbände; Stand: April 2000
Entwurf eines Gesetzes über Rahmenbedingungen für elektronische Signaturen
Abrufbar unter: http://www.dud.de
(abgerufen am 19.05.2000)

Burgard, Ulrich — Anmerkung zu BGH Urteil vom 7.12.1994
In: BB 1995, 222

Ders. — Das Wirksamwerden empfangsbedürftiger Willenserklärungen im Zeitalter moderner Telekommunikation
In: AcP 1995, 74 (Band 159)

Buurmann, Otto — Hochdeut-plattdeutsches Wörterbuch
Band 10, Neumünster 1974
(zit.: *Buurmann*)

Camphausen, Ingmar — Schlüsselzertifizierung mit PGP
In: DuD 1998, 382

Chemnitz — Anmerkung zum Beschluß des BGH vom 21.3.1974
In: AnwBl 1974, 225

Cohn, Ernst — Reform des Interventionsprozesses
Ein Beitrag zur Neugestaltung des Zivilprozeßrechts
Berlin 1931
(zit.: *Cohn*)

Conrads, Dieter — Datenkommunikation
3. Auflage, Braunschweig, Wiesbaden 1996
(zit.: *Conrads*)

Cordes, Albrecht — Telefax und Übereilungsschutz
In: NJW 1993, 2427

Creifelds, Carl — Rechtswörterbuch
15. Auflage, München 1999
(zit.: *Creifelds*)

Dahs, Hans
Dahs, Hans — Die Revision im Strafprozeß
5. Auflage, München 1993
(zit.: *Dahs/Dahs*)

2. Auflage, München 1980
(zit.: *Dahs/Dahs*^{2})

Dahs, Hans — Anmerkung zum Urteil des LG Hamm vom 4.12.1951
In: NJW 1952, 276

Daumke, Michael — Rechtsprobleme der Telefaxübermittlung
In: ZIP 1995, 722

Der große Brockhaus — Lexikon
16. Auflage, Wiesbaden 1957
12. Band [Unk – Zz]
(zit.: Der große Brockhaus)

Deville, Rainer
Kalthegener, Regina — Wege zum Handelsverkehr mit elektronischer Unterschrift
In: NJW-CoR 1997, 168

Dittmar, Rolf — Das Verschulden des Angeklagten und des Verteidigers bei der Wiedereinsetzung im Strafprozeß
In: MDR 1975, 270

Dobbertin, Hans	Digitale Fingerabdrücke, Sichere Hashfunktionen für digitale Signaturen In: DuD 1997, 82
Duden	Das große Wörterbuch der deutschen Sprache Band 7 [Sil – Urh] 2. Auflage, Mannheim, Leipzig, Wien, Zürich 1995 (zit.: Duden, Das große Wörterbuch)
Duden	Deutsches Universalwörterbuch A – Z 3. Auflage, Mannheim, Leipzig, Wien, Zürich 1996 (zit.: Duden, Deutsches Universalwörterbuch)
Dünnebier, H.	Anmerkung zum Urteil des BayOblG vom 21.03.1962 In: JR 1962, 467
Dyrchs, Peter Becher, Wolfgang	Strafprozeßrecht und Strafrecht Köln, Berlin, Bonn, München 1989 (Dyrchs/Becher)
Ebbing, Frank	Schriftform und E-Mail In: CR 1996, 271
Ebnet, Peter	Die Entwicklung des Telefax-Rechts seit 1992 In: JZ 1996, 507
Ders.	Rechtsprobleme bei der Verwendung von Telefax In: NJW 1992, 2985
Eifert, Martin Schreiber, Lutz	Elektronische Signatur und der Zugang zur Verwaltung In: MMR 2000, 340
Eisele, Raymund	Sicherheit und Elektronische Unterschrift In: DuD 1995, 401
Emmert, Ulrich	Haftung der Zertifizierungsstellen In: CR 1999, 244
Erber-Faller, Sigrun	Gesetzgebungsvorschäge der Bundesnotarkammer zur Einführung elektronischer Unterschriften In: CR 1996, 375

Erman, Walter — BGB Handkommentar
1. Band (§§ 1 – 853)
Bearbeiter: Brox, Hans
9. Auflage, München 1993
(zit.: Erman/*Bearbeiter*)

Ewald, Wilhelm — Beiträge zur Rheinischen Siegel- und Wappenkunde
Bonn 1931
(zit.: *Ewald*)

Ewer, Wolfgang
Schürmann, Martin — Zur Zulässigkeit der Zustellung verwaltungsgerichtlicher Eilentscheidung im Telekommunikationsweg
In: NVwZ 1990, 336

Fischer, P. D.
Staedler, Erich — Telegraphen- und Fernsprechrecht
Teil II
Berlin, Leipzig 1930
(zit.: *Fischer/Staedler*)

Fox, Dirk — Regulative Verwirrungen
In: DuD 2000, 66

Ders. — Eine kritische Würdigung des SigG
In: DuD 1999, 508

Ders. — Zu einem prinzipiellen Problem digitaler Signaturen
In: DuD 1998, 386

Ders. — Fälschungssicherheit digitaler Signaturen
In: DuD 1997, 69

Fritsche, Jörg
Malzer, Hans M. — Ausgewählte zivilrechtliche Probleme elektronisch signierter Willenserklärungen
In: DNotZ 1995, 3

Garfinkel, Simon — PGP: Pretty Good Privacy
Bonn 1996
(zit.: *Garfinkel*)

Geis, Ivo — Die digitale Signatur
In: NJW 1997, 3000

Gerwin, Holger	Fax und Recht – eine unendliche Geschichte JurPC Web-DoK 23/1998, Abs. 1 – 43 Abrufbar unter: http://www.jurpc.de
Göbel, Klaus	Strafprozeß 5. Auflage, München 1996 (zit.: *Göbel*)
Gottwald, Peter Honold, Barbara	Höchstrichterliche Rechtsprechung zum Zivilprozeß In: JZ 1995, 657
Gravensen, Gavan, G. Dumortier, Jos Van Eecke, Patrick	Die europäische Signaturrichtlinie – Regulative Funktion und Bedeutung der Rechtswirkung In: MMR 1999, 577
Grewlich, Klaus W.	Wirtschaftsvölkerrechtliche Ordnung für das Internet In: K&R 1998, 87
Grimm, Jacob Grimm, Wilhelm	Deutsches Wörterbuch elfter Band, III. Abteilung Leipzig 1936 (zit.: *J. Grimm/ W. Grimm*, Deutsches Wörterbuch)
Grimm, Rüdiger	Kryptoverfahren und Zertifizierungsinstanzen In: DuD 1996, 27
Ders.	Wir brauchen das Digitale Signaturgesetz In: DuD 1997, 5
Gronert, Elke	Datenkommunikation mit dem PC München 1992 (zit.: *Gronert*)
Hager, Hans Kollbeck, Rainer	Internet Haar bei München 1994 (zit.: Hager/Kollbeck)
Hahn	Die gesamten Materialien zur Strafprozeßordnung und dem Einführungsgesetz zu derselben vom 1. Februar 1877 Berlin 1880 (zit.: *Hahn*)

Haller, Klaus Conzen, Klaus	Das Strafverfahren Heidelberg 1995 (zit.: *Haller/Conzen*)
Hammer, Volker	Signaturprüfung nach SigI In: DuD 2000, 96
Handwörterbuch der deutschen Gegenwartssprache	Band 2 Berlin 1984 (zit.: Handwörterbuch der deutschen Gegenwartssprache)
Hansens, Heinz	Die Rechtsprechung zum Anwaltshaftpflichtrecht im Jahre 1991 In: NJW 1992, 1353
Hanses, Sönke	Kryptographie – Notwendigkeit und Gefahren Abrufbar unter http://www.stud.uni-bayreuth.de/~a1325/privat/seminar/semin1.htm (zit.: *Hanses)*
Heck, Philipp	Das Problem der Rechtsgewinnung Bad Homburg, Berlin, Zürich 1968 (zit: *Heck*)
Hecker, Manfred R.	Forensische Handschriftenuntersuchung Heidelberg 1993 (zit.: *Hecker*)
Hellmann, Uwe	Strafprozeßrecht Berlin, Heidelberg, New York, u.a. 1998 (zit.: *Hellmann*)
Henneke, Sebastian	Form- und Fristfragen beim Telefax In: NJW 1998, 2194
Hermeler, Angelika	Privacy and Information Age, Eine rechtsvergleichende Untersuchung (Europa/USA) über den Schutz persönlicher Informationen im Informationszeitalter Washington D.C. 1999 (zit.: *Hermeler*)

Herlan | Anmerkung zum Beschluß des BayObLG vom 17.12.1953
In: JR 1954, 354

Heun, Sven-Erik | Die elektronische Willenserklärung
In: CR 1994, 195

Hillebrand, Annette
Büllingen, Franz | Erfolgsfaktoren digitaler Signaturen – Eine Analyse aus sozio-ökonomischer Sicht
In: DuD 2000, 80

Höhne, Sven | Auswirkung des SigG auf das Internet
Abrufbar unter: http://www.iri.uni-hannover.de/Seminararbeiten/SigG/Text.htm
Hannover, 1997
(zit.: *Höhne*)

Hoeren, Thomas
Schüngel, Martin | Rechtsfragen digitaler Signatur
Berlin 1999
Bearbeiter: Allenstein, Petra
Kühn, Ulrich
Jäger, Michelle
Kussel, Stephanie
(zit: *Bearbeiter* in Hoeren/Schüngel)

Hoppmann, Hans-Dieter | Telefax: Sorgfalts- und Beratungspflichten des Anwalts
In: VersR 1992, 1068

Holzhauer, Heinz | Die eigenhändige Unterschrift
Frankfurt am Main 1973
(zit.: *Holzhauer)*

Jaeger, Lothar | Anmerkung in OLG München und LG Darmstadt
In: CR 1994, 155

Jansen, Erich, F. | Anmerkung zum Beschluß des RG vom 16.09.1928
In: JW 1929, 265

Jhering, Rudolf von | Geist des römischen Rechts auf den verschiedenen Stufen seiner Entwicklung
4. Auflage, 2. Teil, 2. Abteilung 1883
(zit.: *Jhering*)

Joachimski, Jupp | Strafverfahrensrecht
3. Auflage, München 1993
(zit.: *Joachimski*)

Jonas | Anmerkung zum Urteil des RG vom 23.02.1929
In: JW 1929, 1603

Kelm, Stefan | Signed in Germany?
In: DuD 1999, 526

Kleinknecht, Theodor
Meyer-Goßner, Lutz | Kommentar zur Strafprozeßordnung
44. Auflage, München 1999
(zit.: Kleinknecht/Meyer-Goßner)

Karlsruher Kommentar | Kommentar zur Strafprozeßordnung
4. Auflage, München 1999
Bearbeiter: Kuckein, Jürgen-Detlef
(zit: KK-*Bearbeiter*)

Kittel, Ericht | Siegel
Braunschweig 1970
(zit.: *Kittel*)

KMR | Kommentar zur Strafprozeßordnung
21. Ergänzungslieferung, 1999
Bearbeiter: Paulus, Rainer
(zit.: KMR-*Bearbeiter*)

6. Auflage, Darmstadt 1966
Bearbeiter: Müller, Hermann; Sax, Walter
(zit.: KMR^{6}-*Bearbeiter*)

Knobloch, Hans-Joachim | Schwäche im OpenPGP-Standard
In: DuD 2001, 333

Knupfer, Jörg | Einführung zum Thema „Digitale Signatur“
Abrufbar unter http://www.digital-law.net/knupfer/intro.htm (abgerufen am 15.05.2000)

Kohlhaas, M. | Anmerkung zum Beschluß des KG vom 29.10.1973
In: JR 1974, 208

Kramer, Bernhard | Grundbegriffe des Strafverfahrensrechts
4. Auflage, Stuttgart, Berlin, Köln 1999
(zit.: *Kramer*)

Kröger, Detlef
Hanken, Claas | EU-Richtlinie zur digitalen Singnatur
In: JA 1999, 823

Kuner, Christopher | Signaturgesetz und „Political Correctness"
In: DuD 1999, 227

Ders. | Das Signaturgesetz aus internationaler Sicht
In: CR 1997, 643

Ders. | Rechtliche Aspekte der Datenverschlüsselung im Internet
In: NJW-CoR 1995, 413

Larenz, Karl
Canaris, Claus-Wilhelm | Methodenlehre der Rechtswissenschaft
Berlin, Heidelberg, u.a. 1995
(zit.: Larenz/*Canaris*)

Laghzaoui, Ralf
Wirges, Volkmar | Der Einsatz von Telefaxgeräten als zivilrechtliches Problem
In: MDR 1996, 230

Leier, Barbara | Haftung der Zertifizierungsstellen nach dem SigG
In: MMR 2000, 13

Lemke, Michael
Julius, Karl-Peter
Krehl, Christoph
Kurth, Hans-Joachim
Rautenber, Erardo Cristoforo | Strafprozeßordnung
2. Auflage, Heidelberg 1999
(zit.: Lemke/Julius/Krehl/Kurth/Rautenberg/Temming)

Lensy, Christiane | Review zum Referat „Das Gesetz zur digitalen Signatur und die Signaturregulierung im Allgemeinen"
Abrufbar unter: http://www.vsb.cs.uni-frankfurt.de/lehre/seminar/SS_99/lesny.pdf
(abgerufen am: 21.02.2000)

Lexikon des Mittelalters | Band VIII
München 1997
(zit.: Lexikon des Mittelalters)

Looschelders, Dirk
Roth, Wolfgang

Juristische Methodenlehre im Prozeß der Rechtsanwendung
Berlin 1996
(zit.: Looschelders/Roth)

Löwe-Rosenberg

Großkommentar
25. Auflage, Berlin, New York 1999
Bearbeiter: Hanack, Ernst-Walter
(zit: LR-*Bearbeiter*)

24. Auflage, Berlin, New York1988
Bearbeiter: Gollwitzer, Walter
(zit.: LR[24]-*Bearbeiter*)

23.Auflage, Berlin, New York 1978
Bearbeiter: Meyer, Karlheinz
(zit.: LR[23]-*Bearbeiter*)

Maennel, Frithjof A.

Elektronischer Geschäftsverkehr ohne Grenzen - der Richtlinienvorschlag der Europäischen Kommission
In: MMR 1999, 187

Maier, Gunther
Wildberger, Andreas

In 8 Sekunden um die Welt – Kommunikation über das Internet
2. Auflage, Bonn, Paris 1994
(zit.: Maier/Wildberger)

Melullis, Klaus-J.

Zum Regelungsbedarf bei der elektronischen Willenserklärung
In: MDR 1994, 109

Mertes, Paul

Gesetz und Verordnung zur digitalen Signatur – Bewegung auf der Datenautobahn?
In: CR 1996, 769

Meyers Enzyklopädisches Lexikon

Lexikon
9. Auflage, Mannheim 1979
24. Band: [Tup – Wap]
(zit.: Meyers Enzyklopädisches Lexikon)

Miedbrodt, Anja

Anwendungserfahrungen ausgewählter US-amerikanischer Signaturgesetze
In: DuD 1999, 194

Müller, Gerda — Die Rechtsprechung des BGH zur Wiedereinsetzung in den vorigen Stand
In: NJW 1995, 3224

Dies. — Typische Fehler bei der Wiedereinsetzung in den vorigen Stand
In: NJW 1993, 681

Müller, Helene Boriths Signaturen Roessler, Thomas — Zur rechtlichen Anerkennung elektronischer in Europa
In: DuD 1999, 497

Münchener Kommentar — Bürgerliches Gesetzbuch
Band 1, Allgemeiner Teil (§§ 1 – 240)
Bearbeiter: Förschler, Hermann
3. Auflage, München 1993
(zit.: MüKo-*Bearbeiter*)

Musielak, Hans-Joachim — Kommentar zur Zivilprozeßordnung
Bearbeiter: Stadler, Astrid
München 1999
(zit.: Musielak/*Bearbeiter*)

Neuser, Uwe — Faule Kunden bei „Tante-Emma.com"
Eine europäische Vertrauenshaftung für elektronische Signaturen
In: MMR 1999, 67

Niethammer, Emil — Anmerkung zum Beschluß des BGH vom 11.10.1955
In: JZ 1956, 33

Ders. — Anmerkung zum Urteil des BGH vom 2.11.1951
In: JZ 1952, 117

Noak, Torsten — Drittzueignung und 6. Strafrechtsreformgesetz
Baden-Baden 1999
(zit.: *Noak*)

Notthoff, Martin — Telefax, Computerfax und elektronische Medien – Der aktuelle Stand zum Schriftformerfordernis im Verfahrensrecht
In: DStR 1999, 1076

Oetker	Anmerkung zum Urteil des KG vom 28.10.1920 In: JW 1930, 1102
Pape, Gerhard Notthoff, Martin	Prozeßrechtliche Probleme bei der Verwendung von Telefax In: NJW 1996, 417
Palandt, Otto	Bürgerliches Gesetzbuch Bearbeiter: Putzo, Hans 59. Auflage, München 2000 (zit.: Palandt/*Bearbeiter*)
Peter, Britta Schmittmann, Jens M.	Telefax im Prozeßrecht In: JA 1995, 516
Peters, K.	Anmerkung zum Beschluß des BGH vom 27.02.1973 In: JR 1973, 471
Pfeiffer, Gerd	Grundzüge des Strafverfahrensrechts 3. Auflage, München 1998 (zit.: *Pfeiffer*, Grundzüge)
Ders.	Strafprozeßordnung 2. Auflage, München 1999 (zit.: *Pfeiffer*)
Pordesch, Ulrich	Der fehlende Nachweis der Präsentation signierter Daten In: DuD 2000, 89
Pordesch, Ulrich Nissen, Kai	Fälschungsrisiken elektronisch signierter Dokumente In: CR 1995, 562
Reinfeldt, Sebastian	Digitale Signatur (Seminararbeit) Abrufbar unter: http://www.vsb.cs.uni-frankfurt.de/lehre/seminar/SS_99/reinfeldt.pdf (abgerufen am 27.07.2000)
Reus, Andreas	Datensicherheit beim Telefax nach Abschlußwechsel In: MDR 1994, 1167

Rieß, Joachim | Digitale Signaturen – Schutz des elektronischen Geschäftsverkehrs
In: DuD 1997, 284

Roessler, Thomas | PGP – „Kryptologie fürs Volk"
In: DuD 1998, 377

Rosenberg, Leo | Lehrbuch Des Deutschen Zivilprozessrechts
4. Auflage, München 1949
(zit.: *Rosenberg*)

Rötelmann | Anmerkung zum Beschluß des OLG Hamm vom 26.2.1953
In: Rpfleger 1953, 251

Roßnagel, Alexander | Das neue Signaturgesetz – Grundlage des elektronischen Rechtsverkehrs
In: MMR 2001, 201

Ders. | Europäische Signatur-Richtlinie und Optionen ihrer Umsetzung
In: MDR 1999, 261

Ders. | Das Signaturgesetz nach zwei Jahren
In: NJW 1999, 1591

Ders. | Das Gesetz und die Verordnung zur digitalen Signatur – Entstehung und Regelungsgehalt
In: RDV 1998, 5

Ders. | Die Sicherheitsvermutung des Signaturgesetzes
In: NJW 1998, 3312

Ders. | Offene Rechtsfragen des Signaturgesetzes
In: MMR 1998, 75

Ders. | Telekooperative Rechtspflege
In: CR 1997, 498

Ders. | Das Signaturgesetz, Eine kritische Bewertung des Gesetzesentwurfs der Bundesregierung
In: DuD 1997, 75 ff.

Ders. | Das Signaturgesetz jetzt verbessern und verabschieden
In: DuD 1997, 287

Ders. | Signaturgesetz und Richtlinie für elektronische Signaturen, Abrufbar unter: http://www.uni-kassel.de/fb6/oeff_recht/disDin99.htm

Rott, Peter | Die Auswirkung des Signaturgesetzes auf die rechtliche Behandlung von elektronischem Datenmanagement und Datenaustausch – eine Prognose
In: NJW-CoR 1998, 420

Roxin, Claus | Strafverfahrensrecht
25. Auflage, München 1998
(zit.: *Roxin*)

Rüpping, Hinrich | Das Strafverfahren
3. Auflage, München 1977
(zit.: *Rüpping*)

Sandl, Ulrich | Wirtschaftspolitische Bedeutung digitaler Signaturen
In: CR 2000, 319

Sarstedt, Werner | Anmerkung zum Urteil des HansOLG Hamburg vom 23.03.1955
In: JR 1955, 233

Ders. | Anmerkung zum Beschluß des KG vom 5.12.1955
In: JR 1956, 112

Ders. | Die Revision in Strafsachen
4. Auflage, Essen 1962
(zit.: *Sarstedt*[4])

Sarstedt, Werner
Hamm, Rainer | Die Revision in Strafsachen
6. Auflage, Berlin, New York 1998
(zit.: *Sarstedt/Hamm*)

5. Auflage, Berlin, New York 1983
(zit.: *Sarstedt/Hamm*[5])

Scanzoni, G. von | Anmerkung zum Urteil des LG München II vom 18.01.1933
In: JW 1933, 565

Schäfer, Gerhard | Die Praxis des Strafverfahrens
4. Auflage, Stuttgart, Berlin, Köln, Mainz 1986
(zit.: *Schäfer*)

Schindler, Werner | ec-Karten: Wie sicher ist die PIN-Nummer? NJW-CoR-Gespräch mit Werner Schindler, Bundesanstalt für Sicherheit in der Informationstechnik
In: NJW-CoR 1997, 283

Schleckter, Richard | Sicherheit im Internet – Grundzüge einer europäischen Rechtspolitik
In: K&R 1998, 147

Schlögl, Waldemar | Die Unterfertigung Deutscher Könige von der Karolingerzeit bis zum Interregnum durch Kreuz und Unterschrift
Kallmünz über Regensburg 1978
(zit.: *Schlögl)*

Schlüchter, Ellen | Das Strafverfahren
2. Auflage, Köln, Berlin, Bonn, München 1983
(zit: *Schlüchter*, Strafverfahren)

Dies. | Kernwissen, Strafprozeßrecht
3. Auflage, Thüngersheim, Frankfurt am Main 1999
(zit.: *Schlüchter,* Kernwissen)

Dies. | Mittlerfunktion der Präjudizien: Eine rechtsvergleichende Studie
Berlin, New York 1986
(zit.: *Schlüchter*, Präjudizien)

Schmid, Ines | Computerfax in einem Web of Trust
In: CR 1999, 609

Schmid, Werner | Anmerkung zu BGH, Urteil vom 9.3.1982
In: NStZ 1983, 37

Schmidt, Eberhard	Lehrkommentar zur Strafprozeßordnung, Teil 2 Göttingen, 1957 (zit.: *Schmidt*, Lehrkommentar II)
Ders.	Lehrkommentar zur Strafprozeßordnung Nachtragsband I Göttingen 1967 (zit.: *Schmidt*, Nachtragsband I)
Schmidt, Martin	Bestimmende Schriftsätze und eingescannte Unterschrift – Wahrung der Schriftform? In: BB 1999, 1125
Schmittmann, Jens M.	Anmerkung zum Beschuß des BSG vom 15.10.1996 In: CR 1997, 217
Ders.	Anmerkung zum Beschluß des BGH vom 19.04.1994 In: DWir 1994, 423
Ders.	Zur Telefaxübermittlung im Geschäftsverkehr und den Gefahren der Manipulation In: DB 1993, 2575
Schneidewin	Die Rechtsprechung in Strafsachen In: Fünfzig Jahre Reichsgericht 1929 (Hrsg.: Dr. Adolf Lobe) (zit.: *Schneidewin*, Fünfzig Jahre Reichsgericht)
Schönke, Adolf	Anmerkung zu BGH, Beschluß vom 23.9.1952 In: JZ 1953, 180
Schroeder, Friedrich-Christian Meindl, Wolfhard	Strafprozeßrecht 3. Auflage, Heidelberg 1998 (zit.: Schroeder/Meindl)
Schwachheim, Jürgen F.	Abschied vom Telefax im gerichtlichen Verfahren? In: NJW 1999, 621
Schwarz, Otto Kleinknecht, Theodor	Strafprozeßordnung, Gerichtsverfassungsrecht und Nebengesetze 27. Auflage, München, Berlin 1967 (zit.: Schwarz/Kleinknecht)

Schwarz, Otto	Strafprozeßordnung, Gerichtsverfassungsrecht und Nebengesetze 22. Auflage, München, Berlin 1960 (zit.: *Schwarz*[22]) 13. Auflage, München, Berlin 1950 (zit.: *Schwarz*[13])
Schwemmer, Jörg	Frontbericht 1.0 Der steinige Weg zur digitalen Signatur In: DuD 2000, 70
Seibert, Claus	Telefonische Rechtsmitteleinlegung In: DRiZ 1952, 8
Seidel, Rita	Verkehrsmittel Telegraph Hannover 1980 (zit.: *Seidel*)
Senderek, Ralf	How PGP Deals With Manipulated Keys In DuD 2000, 603
Soergel, Hs. Th.	Bürgerliches Gesetzbuch Band 1 (§§ 1 – 240) Bearbeiter: Hefermehl, Wolfgang 12. Auflage, Stuttgart, Berlin, Köln, Mainz 1987 (zit.: Soergel/*Bearbeiter*)
Statz, Klaus-Peter	Nochmals: Datensicherheit beim Telefax nach Anschlußwechsel In: MDR 1995, 236
Stein, Friedrich Jonas, Martin	Kommentar zur Zivilprozeßordnung 21. Auflage, Tübingen 1994 Bearbeiter: Leipold, Dieter (zit: Stein/Jonas-*Bearbeiter*) 19. Auflage, Tübingen 1972 Bearbeiter: Leipold, Dieter; Schumann, Ekkehard (zit.: Stein/Jonas[19]-*Bearbeiter*)
Stein, Friedrich	Der Urkunds- und Wechselprozeß Leipzig 1887 (zit.: *Stein*)

Streitz, Siegfried
Telefaxtechnik
In: CR 1995, 55

TeleTrusT Deutschland e.V.
Stellungnahme zum Diskussionsentwurf eines Gesetzes über Rahmenbedingungen für elektronische Signaturen
Version 0.7 (Stand April 2000)
Abrufbar unter: http://www.dud.de/dud/files/ttt-sigg.pdf (abgerufen am 20.05.2000)
(zit.: TeleTrusT Deutschland e.V.)

Thiel, Christoph
Marktentwicklung im Umfeld digitaler Signaturen
In: DuD 2000, 77

Tholl, Leonhard
Die Einrede der allgemeinen Arglist gegenüber Formvorschriften
Borna-Leipzig 1930
(zit.: *Tholl*)

Thomas, Heinz
Putzo, Hans
Zivilprozeßordnung
20. Auflage, München 1997
(zit: Thomas/Putzo)

Töpperwien, Erich
Rechtsfragen rund ums Telefax
In: DRiZ 1999, 241

Tröndle, Herbert
Fischer, Thomas
Strafgesetzbuch
49. Auflage, München 1999
(zit.: Tröndle/Fischer)

Tschentscher, Axel
Beweis und Schriftform bei Telefaxdokumenten
In: CR 1991, 141

Ultsch, Michael M.
Zugangsprobleme bei elektronischen Willenserklärungen
Dargestellt am Beispiel der Electronic Mail
In: NJW 1997, 3007

Volk, Klaus
Strafprozeßrecht
München 1999
(zit.: *Volk*)

Vollkommer, Max | Formstrenge und prozessuale Billigkeit
Münchener Universitätsschriften, Band 25
München 1973
(zit:: *Vollkommer*)

Ders. | Anmerkung zu BGH, Beschluß vom 22.5.1975
In: Rpfleger, 1975, 352

Volmer, Michael | Nochmals: Bestimmende Schriftsätze und eingescannte Unterschriften – Wahrung der Schriftform?
In: BB 1999, 1449

Wassermann, Rudolf | Alternativkommentar zur Zivilprozeßordnung
Bearbeiter: Puls, Volker
Neuwied, Darmstadt, 1987
(zit.: AK-ZPO-*Bearbeiter*)

Welsch, Günther
Bremer, Kathrin | Die europäische Signaturrichtlinie in der Praxis
In: DuD 2000, 85

Welsch, Günther | Stufenweise skalierbare Sicherheit für digitale Signaturen
In: DuD 1999, 520

Wirtz, Brigitte | Biometrische Verfahren – Überblick, Evaluierung und aktuelle Themen
In: DuD 1999, 129

Woldering, Gottfried | Anmerkung zum Beschluß des BayObLG vom 17.12.1953 (MDR 1954, 439)
In: MDR 1955, 151

Wolf, Christian | Die Verwendung eines Fernkopierers zur Dokumentenübermittlung
In: NJW 1989, 2592

Wolter, Jürgen | Anmerkung zu BGH, Beschluß vom 26.3.1981
In: JR 1982, 211

Ders. | Zur Theorie und Systematik des Strafprozeßrechts
Neuwied, Kriftel, Berlin 1995
Bearbeiter: Schlüchter, Ellen
Zur: „Wert der Form im Strafprozeß", S. 205
(zit.: *Schlüchter* in Wolter)

Wuermeling, Ulrich — „Der Telefax-Standard“ (DTS) soll Rechtssicherheit schaffen
In: NJW-CoR 1996, 231

Zärban, Michael — Schriftlichkeit der Prozeßvollmacht und Telekommunikation
In: BB 1994, 2252

Zielinski, Diethard — Urkundenfälschung durch Telefax
In: CR 1995, 286

Zimmermann, Peter — Professionell Faxen; Technik, wirtschaftlicher Einsatz und Marktübersicht
In: N JW-CoR1998, 270

Zimmermann, Walter — Zivilprozeßordnung
4. Auflage, Heidelberg 1995
(zit.: *Zimmermann*)

Zippelius, Reinhold — Juristische Methodenlehre
6. Auflage, München 1994
(zit.: *Zippelius*)

Zöller, Richard — Kommentar zur Zivilprozeßordnung
21. Auflage, Köln 1999
Bearbeiter: Greger, Reinhard
(zit.: Zöller/*Bearbeiter*)

Kolibri 360 GmbH
Ferdinand-Jühlke-Straße 7
99095 Erfurt, Deutschland
produktsicherheit@kolibri360.de

Druck:
CPI Druckdienstleistungen GmbH
im Auftrag der
Kolibri 360 GmbH
Ferdinand-Jühlke-Str. 7
99095 Erfurt